AF731266

Sitzungsberichte
der Akademie der Wissenschaften
der DDR
Mathematik – Naturwissenschaften – Technik

9 N
1982

Alfred Zimm

# Zur strukturellen und funktionellen Dynamik in den typologischen Subräumen der Hauptstadt der DDR, Berlin

AKADEMIE-VERLAG · BERLIN

Sitzungsberichte
der Akademie der Wissenschaften
der DDR
Mathematik — Naturwissenschaften — Technik

Jahrgang 1982 · Nr. 9/N

Alfred Zimm

# Zur strukturellen und funktionellen Dynamik in den typologischen Subräumen des Wirtschafts- und Lebensgebietes der Hauptstadt der DDR, Berlin

AKADEMIE-VERLAG · BERLIN
1982

Vortrag von Prof. Dr. Alfred Zimm,
Direktor der Sektion Geographie der
Humboldt-Universität zu Berlin gehalten am 4. Juni 1981 vor der Klasse
Geo- und Kosmoswissenschaften

Herausgegeben im Auftrage
des Präsidenten der Akademie
der Wissenschaften der DDR
von Vizepräsident Prof. Dr. Heinrich Scheel

ISSN 0138—3956
Erschienen im Akademie-Verlag, DDR-1086 Berlin, Leipziger Str. 3—4
© Akademie-Verlag, Berlin 1982
Lizenznummer: 202 · 100/65/82
Kartengenehmigung: Nr. P 36/82
Gesamtherstellung: VEB Druckhaus Köthen
Bestellnummer: 763 102 9 (2010/82/9/N) · LSV 0345
Printed in GDR
DDR 4,— M

## 1. Einleitung

Für alle stadtplanerischen Maßnahmen der Gegenwart und der Zukunft ist es von größter Bedeutung, die stadtformenden Gegebenheiten der Vergangenheit zu kennen, die funktionell und strukturell in das Heute und Morgen hineinreichen und damit, obwohl manchmal schon vor Jahrhunderten angelegt, wirken und zur Auseinandersetzung zwingen. Das gilt nicht nur für Mikro- und Mesostrukturen (z. B. künstlerisch wertvolle Gebäude, Bauensembles, Gartenanlagen, Straßen und Plätze) historisch gewachsener Städte, sondern auch für Makrostrukturen, womit hier typologische Subräume eines städtischen Wirtschafts- und Lebensgebietes gemeint sind, die mit früher angelegten Strukturen und Formen in die Gegenwart hineinreichen und unter sozialistischen Bedingungen gesellschaftsadäquaten Veränderungen unterliegen. Diese

a) sind durch inhaltliche Umwandlungen bei Erhaltung gewisser formaler Strukturen gekennzeichnet (für Berlin z. B. Wandlung von der kapitalistischen City zum sozialistischen Stadtzentrum),

b) zielen auf radikale Beseitigung (für Berlin z. B. Beseitigung des Mietskasernenstatus in den überkommenen Wohngebieten der Arbeiterklasse),

c) dienen der gebietlichen Harmonisierung (für das Stadt-Umland-Gebiet Berlins z. B. Abbau der Degradierung des Umlandes und Aufbau gleichberechtigter arbeitsteilig organisierter Glieder eines hochkomplexen Gebietstyps).

Diesem Ausschnitt der Dynamik der Territorialstruktur sollen mit Anwendung auf das Berliner Wirtschafts- und Lebensgebiet die folgenden Ausführungen gewidmet sein, wobei die Darlegungen darauf zielen, die zwingenden Gesetzmäßigkeiten dieser Entwicklung vorrangig zu verdeutlichen.

## 2. Die überkommenen gebietstypischen Teilräume und Grundcharakteristika ihrer Veränderung unter sozialistischen Bedingungen

### *2.1. Überblick über die gebietstypischen Teilräume*

Nach einer etwas vergröbernden Systematik, die nur die generellen Züge der territorialen Anordnung erfaßt, kann man das historisch überkommene Wirtschafts- und Lebensgebiet der ehemaligen Groß-Berliner Agglomeration in folgende vier Teilräume untergliedern (Abb. 1):

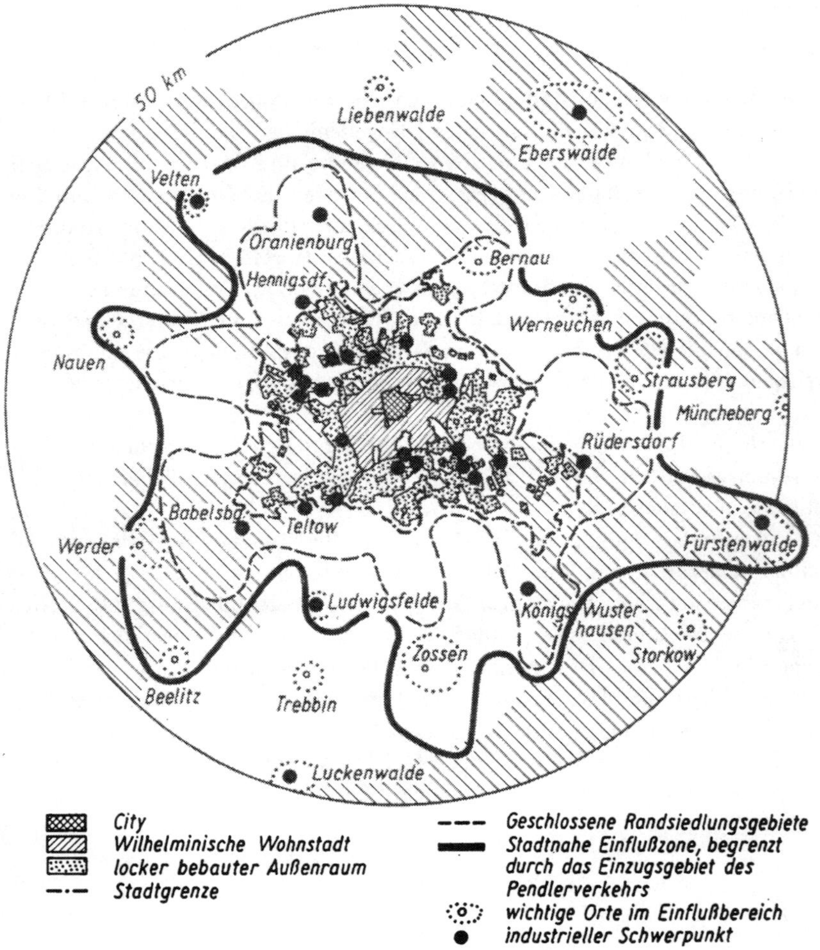


Abb. 1. Die zonale Gliederung Groß-Berlins und seines Einflußgebietes in der Vorkriegszeit

Quelle: Eigenentwicklung der Sektion Geographie der Humboldt-Universität zu Berlin (Zimm, Pflaum-Wandrey)

a) *Die City* als zentraler Stadtraum mit besonderer Konzentration überörtlicher Leitungs- und Dienstleistungseinrichtungen sowie räumlicher Verdünnung der Bevölkerung;

b) Das ringförmige um die City gelegene Gebiet der nach ihrer Formungszeit sogenannten *„Wilhelminischen Wohnstadt"* (auch „Wilhelminischer Ring") mit übermäßig dichter Wohnbebauung, Ausläufern von Cityfunktionen und in die Wohnbaumasse eingelagerter vorwiegend mittlerer und kleiner Industrie;

c) Der locker bebaute *städtische Außenraum* mit zahlreichen ursprünglich eigenständigen dörflichen und städtischen Siedlungskernen, besonderer Konzentration der Großindustrie, örtlich bedeutenden land- und forstwirtschaftlich Flächen und ausgedehnten Arealen der Naherholung (Kurz- und Dauererholung);

d) *Das städtische Randgebiet* außerhalb des städtischen Administrativbereiches als „verstädterte" Zone und Pendlergebiet mit Trabantensiedlungen (Industrie- und Siedlungstrabanten), größeren land- und forstwirtschaftlichen genutzten Flächen und ausgedehnten Erholungsräumen (Kurz- und Dauererholung).

Die wesentlichen überörtlich wirkenden Funktionen Groß-Berlins — hauptstädtische Leistungen und Dienste sowie industrielle Leistungen[1] — ordneten sich vorrangig in das erste und dritte Gebiet ein.

Bedeutungsvoll ist, daß die Hauptstadt der DDR, Berlin, an all diesen Teilräumen Anteil hat, daß also trotz der imperialistischen Spaltung von Groß-Berlin nach dem 2. Weltkrieg und des damit verbundenen räumlichen Zerbrechens der Teilräume a), b) und c) bzw. der Beseitigung der direkten Nachbarschaftslage zur Hauptstadt für die westlichen Teile von d) Gegebenheiten aus allen gebietstypischen Teilräumen weiter wirken.

Der Gesamtraum der hauptstädtischen Agglomeration der DDR mißt rund 2076 km² und wird von rund 1 511 000 (1978) Einwohnern bewohnt. Er hat damit zu 1,9% an der Fläche und zu 9,0% an der Bevölkerung der DDR Anteil. Die Stadt Berlin in ihren administrativen Grenzen (Agglomerationskern) ist daran mit 403 km² und 1 129 000 Einwohnern beteiligt.

### *2.2. Charakteristik der Teilräume*

#### 2.2.1. Die kapitalistische City

Schon mit der Reichsgründung (1871) und der Übernahme der Hauptstadtfunktion durch Berlin zeigten sich im zentralen Stadtbereich deutliche Ansätze der Citybildung, die dann mit den neunziger Jahren voll zur Entfaltung kamen. Kennzeichen dafür waren das Abdrängen der Wohnbevölkerung und zugleich die räumliche Massierung von zentralen staatlichen und städtischen Leitungen, solchen der Wirtschaft, der Banken, überlokaler Geschäftsstraßen, des Hotel-, Beherbergungs- und Restaurationswesens. Wie stark dieser Prozeß war, läßt sich an folgendem erkennen (Auswahl):

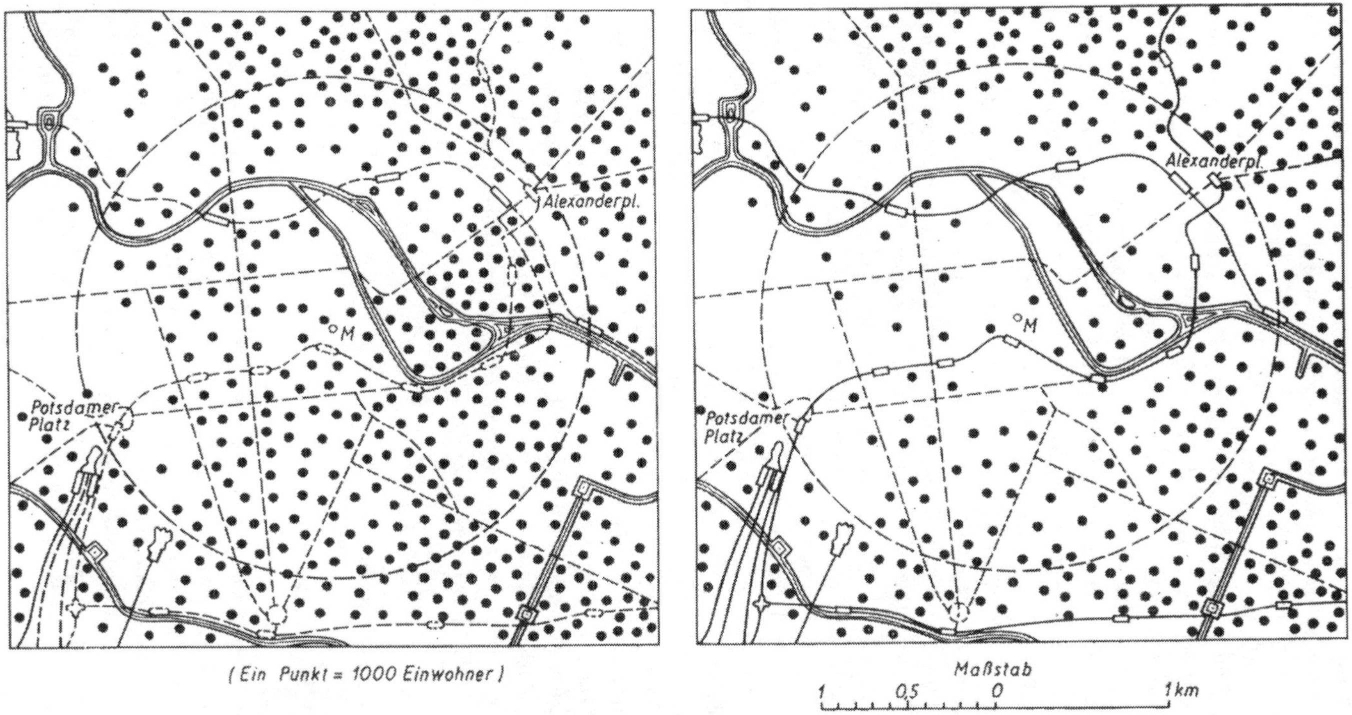


Abb. 2 Wohndichte in der Innenstadt von Berlin im Jahre 1880 und 1914
Quelle: Nach E. Giese, Das zukünftgie Schnellbahnnetz für Berlin, Berlin 1919

- Schlägt man vom Hausvogteiplatz als Mittelpunkt einen Kreis mit 1,5 km Halbmesser, dann wohnten in dem so abgegrenzten Raum 1880 = 256 000 Einwohner, während es 1914 nur noch 137 000 waren (Abnahme um 53%) (Abb. 2).
- In der Wilhelmstraße sowie in ihrer nächsten Umgebung befand sich ein Großteil der in Berlin angesiedelten diplomatischen Vertretungen, und mit dem Rückgrat" in der Behrenstraße, aber faktisch den Raum zwischen der Straße Unter den Linden und der Kronenstraße einnehmend, massierten sich die Banken und Geldinstitute. Insbesondere diesem Konzentrationsgebiet war es zuzuschreiben, wenn sich im Jahre 1912/13 rund die Hälfte (49%) aller Bankeinlagen Deutschlands in den 9 Berliner Großbanken konzentrierten.
- Der Bezirk Mitte, der den Hauptteil der Cityfunktionen in sich aufnahm, vereinte 1928 rund 50% der Betriebe und 52% der Beschäftigten des Hotel- und Gaststättengewerbes von Berlin auf sich.

Stark systematisierend konnte man eine räumliche und funktionelle Zweiteilung der City erkennen. Der östliche Teil, der an die große Bevölkerungsverdichtung anschloß, war vorwiegend Einkaufscity, während der westliche Teil überwiegend als Leitungs- und Verwaltungscity fungierte.

Mit dem Abdrängen der Wohnbevölkerung und der Massierung von Leitungs- und Dienstleistungsfunktionen in der City entstand ein besonderer Verkehrsstrom von Erwerbstätigen, der morgens aus den Wohngebieten in die City und abends aus ihr herausführte. Auf der Bezirksebene zeigte sich dies am deutlichsten im Bezirk Mitte, in den fast die gesamte City eingegliedert war. Im Jahre 1925 betrug die Wohnbevölkerung des Bezirks 295 837, die im Bezirk wohnenden Erwerbstätigen (ohne Berufslose) zählten 173 387 und die im Bezirk beschäftigten Erwerbstätigen erreichten 387 793. Das heißt, die Zahl der Erwerbstätigen im Bezirk war um rd. 124% größer als die der Erwerbstätigen, die im Bezirk wohnten.

Die Sonderstellung des Bezirkes Mitte wird im Vergleich noch deutlicher. In den sonstigen Alt-Berliner Bezirken — die kaum von der Citybildung berührt wurden — überwog allgemein die Zahl der im Bezirk wohnenden Erwerbstätigen die Zahl der im Bezirk beschäftigten Erwerbstätigen (z. B. Friedrichshain + 61,3%, Prenzlauer Berg + 159,8%).

### 2.2.2. Das sozialistische Stadtzentrum

Mit dem Wirken sozialistischer Gesetzmäßigkeiten, die die Funktion, die Struktur und auch das Aussehen der gesamten Stadt maßgeblich beeinflussen, kommt es zu einer grundlegenden Veränderung der zentralen Teile Berlins. Es ist dies die Umwandlung von der kapitalistischen City zum sozialistischen Stadtzentrum. Das etwa 800 ha große Stadtzentrum ist funktionell vor allem durch die Massierung hauptstädtischer Funktionen charakterisiert, d. h., es konzentriert die zentralen, politischen, staats- und wirtschaftsleitenden, wissenschaftlichen und kulturellen Bereiche. Ihnen gesellen sich die ausländischen Vertretungen zu. Diese Funktionsgruppierung wird von repräsentativen Einrichtungen des Handels, der Gastronomie, der Beherbergung, der Unterhaltung und der Dienstleistungen begleitet.

Mit dem Stadtzentrum koppelt sich auch vorrangig der internationale Tourismus, der besonders mit den weltberühmten Museen und dem bedeutenden Theaterdargebot verbunden ist (Bezirk Mitte mit 12 Musik- und Sprechtheatern). Es gehört weiter die Gestaltung von repräsentativen Straßen und Plätzen für Staatsfeiern und Volksfeste zum generellen Erscheinungsbild. Zu all dem treten Wohnkomplexe, die zur Entfaltung des gesellschaftlichen Lebens im Stadtzentrum erheblich beitragen.

Alle diese Funktionstypen weisen deutliche räumliche Massierungen innerhalb des Stadtzentrums auf. So treten mit zentralen politischen und wirtschaftsleitenden Einrichtungen besonders das Kerngebiet und der Westteil des Stadtzentrums hervor, die ausländischen Vertretungen lokalisieren sich vorwiegend im Westteil, bei der Gruppierung Wissenschaft, Kultur und Bildung hat ebenfalls der Westteil die größten Anteile, beim Hotel- und Gaststättengewerbe sowie den spezialisierten Handelseinrichtungen ist es gemeinsam mit dem Kerngebiet besonders der Osten des Stadtzentrums. In einer detallierten Gliederung hat G. Suchy (unveröffentlicht) die folgende Raumgliederung des Stadtzentrums entwickelt (Tab. 1; Abb. 3).

Die funktionellen Wandlungen in diesem Raum sind besonders dadurch gekennzeichnet, daß aus der Kommandozentrale des aggressiven deutschen Imperialismus das Führungszentrum eines friedliebenden sozialistischen Staates geworden ist. Diese grundlegende Umgestaltung manifestiert sich bis ins Detail, wofür z. B. die Namensgebung und geänderte Aufgabe wichtiger historischer Gebäude des Zentrums beredte Zeugnisse geben (von der „Neuen Wache“ zum „Mahnmal für die Opfer des Faschismus und Militarismus“, von der „Friedrich-Wilhelm-Universität“ zur „Humboldt-Universität“, vom „Zeughaus“ zum „Museum für Deutsche Geschichte“ usw.).

Strukturell ist bedeutungsvoll, daß in das Stadtzentrum im Gegensatz zur kapitalistischen Entwicklung in stärkerem Maße wieder Wohnbevölkerung eingegliedert wurde. So stieg allein zwischen 1964 und 1979 die Einwohnerzahl des Bezirkes Mitte um 2 760, vergrößerte sich also um 3,1%. Das ist tendentiell ein anhaltender Prozeß, der durch den Wohnungsbau gesteuert wird. So sollen 1981—85 weitere 4000 Wohnungen in der Innenstadt gebaut werden, wobei als Schwerpunkt die Rathausstraße, Karl-Liebknecht-Straße und Münzstraße genannt werden. Die Einwohnerdichte in den Neubaugebieten des Stadtzentrums liegt bei ca. 500 bis 600 pro ha. Demgegenüber betrug die Einwohnerdichte in den typisch proletarischen Wohnbezirken östlich des Alexanderplatzes vor dem 2. Weltkrieg etwa 1 500 bis 1 900 pro ha; vielfache Hinterhofbebauung mit lichtarmen Höfen kennzeichnete das Siedlungsbild. Mit der dichten Überbauung im Sinne des Erreichens hoher Bodenrenten verband sich die schroffe Einschränkung von erholungsbetonten Freiflächen. Es ist typisch, daß die randlich zum Stadtbezirk Mitte gelegenen Freiflächen der Friedhöfe größer als die sonstigen begrünten Freiflächen des Zen-

Tabelle 1 Die funktionelle Differenzierung der Teilkomplexe des sozialistischen Stadtzentrums der Hauptstadt der DDR (nach G. Suchy)

| Typ | Funktionsbestimmende Einrichtungen | Teilkomplexe 1 | 2 | 3 | 4 | 5 | 6 | 7 | 8 | 9 |
|---|---|---|---|---|---|---|---|---|---|---|
| Typ: Zentrumsbildend | zentrale politische und wirtschaftsleitende Einr. | ▩ | ▩ | ▩ | ▩ | ▨ | ▩ | | | ▩ |
| | Auslandsvertretungen | | ▩ | | | | ▩ | ▨ | | |
| | Wissenschaft, Kultur und Bildung | ▩ | ▩ | | ▨ | ▩ | ▨ | ▩ | | ▨ |
| | spezialisierte Verkaufs- und Handelseinrichtungen | ▨ | ▨ | ▩ | ▩ | ▩ | | | | |
| | Hotel- und Gaststättenwesen, Reisebüros | | ▨ | ▩ | ▩ | ▨ | | ▨ | | |
| Typ: Zentrums-ergänzend | Wohnungen | ▨ | | ▨ | ▨ | ▨ | | ▨ | ▩ | |
| | nichtstörende sonstige Arbeitsstätten | | | | | ▨ | | ▨ | ▨ | ▨ |

▩ Dominierende Funktionen des Teilkomplexes

▨ weitere wichtige Funktionen im Teilkomplex

1 Marx-Engels-Platz/ Spreeinsel
2 Unter den Linden
3 Liebknechtstr./ Rathausstr.
4 Alexanderplatz/ Strausberger Platz
5 Leipziger Str./ Hausvogteiplatz
6 Südliche Otto-Grotewohl-Str./ Thälmannplatz
7 Hermann-Matern-Str./Oranienburger Tor
8 Rosenthaler Str./ Münzstraße
9 Wallstr./Heinrich-Heine-Straße

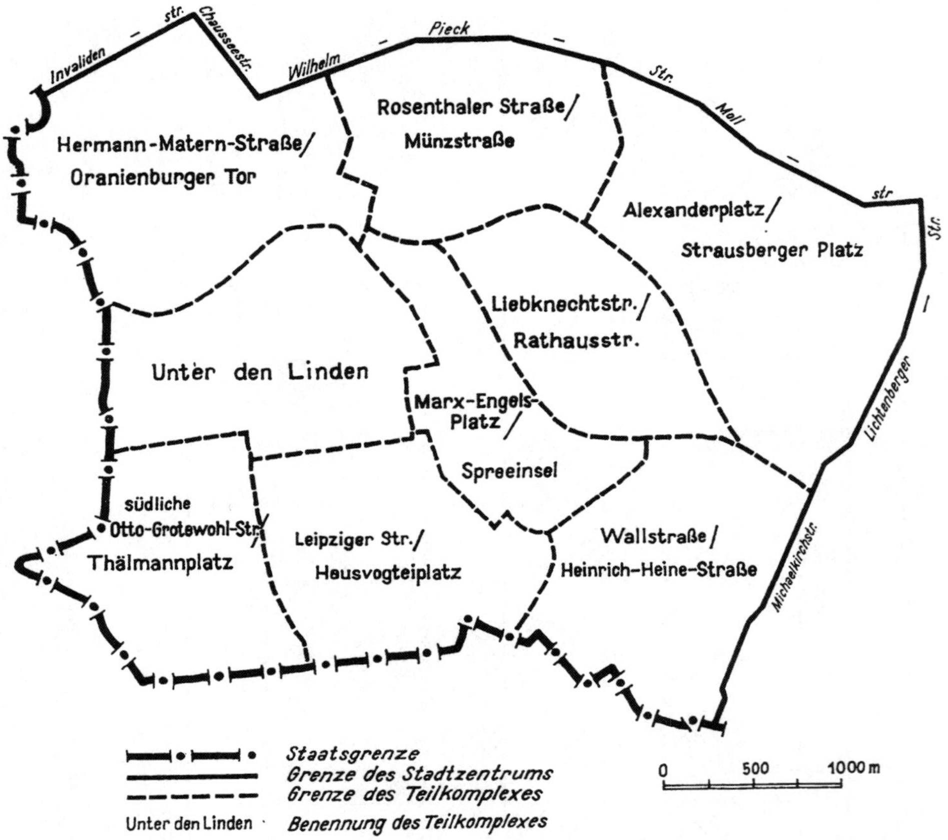


Abb. 3 Die Teilkomplexe des sozialistischen Stadtzentrums der Hauptstadt der DDR, Berlin

Quelle: Nach G. Suchy, Zur räumlich-differenzierten Entwicklung von Struktur und Funktion des Stadtzentrums der Hauptstadt der DDR Berlin, Berlin 1981 (unveröffentlicht)

trums waren. Hier wurden in unserer Zeit bemerkenswerte Veränderungen erreicht. Zu der wichtigsten gehört die Anlage von Uferpromenaden in Teilabschnitten längs der Spree, die vom Monbijou-Park bis zur Jannowitz-Brücke — teilweise verbunden mit größeren Grünanlagen — eine neue Stadtgestaltung erkennen lassen.

Positive Eingriffe sind auch im Bereich der Luftverschmutzung zu beobachten. Hierfür sind die folgenden Fakten anzuführen:[2]

a) Die Neubaugebiete des Stadtzentrums wurden weitgehend an die zentrale Wärmeversorgung angeschlossen, so daß Abrauch und Staub von vielen Kleinfeuerungsanlagen stark reduziert werden konnten.

b) Die Dieseltraktion wurde neben dem Elektrobetrieb bei der Reichsbahn zum Ablöser der mit starker Rauch- und Staubwirkung verbundenen Dampftraktion.

c) Es kam zu industriellen Bereinigungen, die sich mindernd auf die Luftverschmutzung auswirkten.

d) Mit neuen Arealgestaltungen (Ausdehnung der Platzanlage des Alexanderplatzes, breiter Straßenführungen, aufgelockerter Straßenbebauung gegenüber den frühen typischen Korridorstraßen, mehr Grünanlagen, Schaffung größerer Fußgängerbereiche usw.) wurde eine bessere Durchlüftung durchgesetzt.

e) Wegen der veränderten politisch-geographischen Lage gegenüber der Zeit vor dem Ende des 2. Weltkrieges ist das heutige Stadtzentrum zwar ein bedeutendes Arbeitsstättengebiet sowie ein überregionales Einkaufs-, Kultur- und Touristenzentrum usw., es hat aber gegenüber früher keine Transitfunktion im Straßenverkehr. Damit entfällt ein wesentlicher Belastungsfaktor der Luft.

Die schnell zunehmende Dichte des Pkw-Verkehrs bringt allerdings neue Probleme mit sich. Dabei spielt eine potenzierende Rolle, daß nicht nur die Kaufhäuser, sondern auch die Spezialgeschäfte des Zentrums sehr viele Waren des täglichen Bedarfs umsetzen, die in den Einkaufsnebenzentren der Stadtbezirke nicht in gleichem Maße vertreten sind. Durch die umfassende Kopplung des Einkaufs von Waren des unperiodischen, periodischen und täglichen Bedarfs für auswärtige Käufer sowie des hohen Angebotes touristischer Attraktionen (z. B. Fernsehturm), Restaurationsmöglichkeiten, Ausstellungsbesuchen usw. ist das Zentrum besonders im Abschnitt Liebknechtstraße, Spandauer Straße, Grunerstraße, Alexanderstraße im Pkw-Verkehr überlastet und hat hier erhebliche Luftverschmutzungen. In stärkerem Maße sollte für auswärtige Zentrumbesucher mit Pkw das Park-System am Stadtrand im Bereich der S-Bahn propagiert werden.

Der gleiche Raum weist auch erhebliche Lärmbelastungen auf, die, da ja hier Bevölkerung konzentriert wohnt, stark störend sind. Die Hauptlärmquelle ist der Kfz-Verkehr. Begegnen kann man dem durch Verkehrseinschränkungen im ruhenden Verkehr, durch die Anlage schallschluckender Straßendecken, durch Wiedereinführung elektrischer Busstrecken und anderes mehr. Für die Bewohner wären bessere Fensterkonstruktionen und schallabweisende Baukörper von Bedeutung.

Von höherer Bedeutung ist, daß die antisoziale kapitalistische Raumgliederung, die zur „Stadt der Reichen" und der „Stadt der Armen" innerhalb einer Stadt führte, aufgehoben wurde. Das ist gerade für die Sozialplanung des Stadtzentrums von allergrößter Wichtigkeit, weil dieses über eine extreme kapitalistische Bodenspekulation zunehmend arbeiterfrei gehalten wurde. Die Repräsentation des sozialistischen Staates im repräsentativen Stadtzentrum schließt das Wohnen der Arbeiterklasse hier bewußt ein. Mit den Wohn-Neubauten wird eine teilweise Zweckbindung zwischen Wohnen und Beschäftigung im Stadtzentrum angestrebt, was dazu dient, Voraussetzungen für die Entwicklung enger Beziehungen zwischen Wohnstätten, Arbeitsstätten (vorwiegend hier nichtmaterieller Bereich) und dem gesellschaftlichen Zentrum der Hauptstadt herzustellen. Praktisch sind damit u. a.

die Verkürzung der Wegezeiten und die Entlastung des öffentlichen Personennahverkehrs verbunden.

### 2.2.3. Die „Wilhelminische Wohnstadt"

Die ringförmig um die City gelegene „Wilhelminische Wohnstadt" (auch „Wilhelminischer Ring") war vorwiegend durch die massierte Mietskasernenbebauung von 1860 bis zum Vorabend des ersten Weltkrieges gekennzeichnet. Insbesondere diesem Raum war es zuzuschreiben, wenn Berlin den Status hatte, „größte Mietskasernenstadt der Erde" zu sein.

Die Verkrüppelung des Wohnens war durch das Wirken der Terraingesellschaften und Banken bedingt. Nach der in ihrem Interesse verfaßten Bauordnung von 1853, die rund 34 Jahre kaum verändert wurde, war es möglich, an Straßen mit mehr als 15 m Breite beliebig hoch zu bauen. Die Hofraumfläche wurde gesetzlich dadurch bestimmt, daß man eine Feuerwehrspritze wenden konnte, bzw. das Aufspannen eines Sprungtuches möglich war. Die Frage der Licht- und Luftzufuhr für die Hinterhausbewohner stand nicht zur Debatte. Feuerpolizeiliche Mindestanforderungen lagen also an der Wiege der berüchtigten Berliner Hinterhöfe, die nur 5,3 m breit und 5,3 m tief zu sein brauchten (28 $m^2$) und die von Seitenflügeln und Quergebäuden umgeben waren, die 20 m Höhe und mehr erreichten. Auch nachfolgende Vergrößerungen der Mindesthoffläche (1868 = 40 $m^2$, 1887 = 60 $m^2$, 1897 = 80 $m^2$) änderten kaum etwas am asozialen Typ des Wohnungsbaus für die arbeitenden Klassen. Dies war mit einem ungeheuren Wohnungselend für die Arbeiterklasse verbunden, die sich hauptsächlich in diesem Areal konzentrierte. Schon 1875 waren 37% aller Berliner Wohnungen Hinterhofwohnungen. Bis zum Jahre 1912 hatte sich dieser Prozentsatz auf 45% gesteigert. Die Zahl der Kellerwohnungen stieg zwischen 1861 und 1890 von 9 654 auf 28 265. In der „Wilhelminischen Wohnstadt" konzentrierte sich auch der größte Teil der „Schlafleute" (Menschen ohne Wohnung, die nur eine Bettstelle — häufig im Wechsel zwischen Tag- und Nachtarbeitern — in den an sich schon überbelegten Wohnungen des Proletariats mieteten) und „Untermieter" (Menschen, denen möblierte Zimmer einer Wohnung vermietet wurden), die um die Jahrhundertwende im ersteren Falle fast 100 000 und im zweiten Fall rund 50 000 zählten. Mit der Überbelegung verknüpfte sich eine völlig unzureichende sanitäre Ausstattung der Wohnungen.

Ein zusätzliches Charakteristikum des Siedlungselends in der „Wilhelminischen Wohnstadt" ergab sich aus der Verschmelzung von Wohnen und Gewerbe durch die Unterbringung Tausender von z. T. wohnunfreundlichen Betrieben in den Hinterhöfen (Berliner „Hinterhofindustrie"). Es handelte sich meist um kleinere bis mittlere Betriebe mit hoher Angebotsbreite, die auf Arbeitskräfte der nächsten Umgebung zurückgriffen. Sie traten flächenmäßig nicht hervor, da sie sich in das Häusermeer eingliederten und keine zusammenhängenden Areale bildeten.

Für die Massierung insgesamt aber gibt es den deutlichen Hinweis, daß im Jahre 1925 von allen Berliner Industriebetrieben sich über 69% innerhalb des Ringbahnbereiches befanden, der ja gemeinsam mit der City den überragenden Teil der „Wilhelminischen Wohnstadt" erfaßte. Insbesondere Lärm aber auch Abrauch und Staub dieser Betriebe führten zu weiteren Senkungen der Wohnqualität.

### 2.2.4. Die kompakten Altbaugebiete in Anlehnung an das sozialistische Stadtzentrum

Deutlich erkennbar ist strukturell bis heute auch der an das Stadtzentrum anschließende Wohngürtel mit eingeschalteter kleiner und mittlerer Industrie. Dieser Raum ist in seiner Umwandlung besonders gekennzeichnet durch:

a) die soziale Veränderung des Wohnstatus und

b) die Umprofilierung der Industrie unter dem Gesichtspunkt der Beseitigung bzw. Reduzierung von Störeinflüssen auf unmittelbar benachbarte Wohngebiete.

Das Gesamtgebiet gehört zu den Schwerpunkten des Wohnungsbaus, wobei die sozialistische Rekonstruktion und Modernisierung der Altbauten hier eine besondere Rolle spielt. Beispielgebend dafür sind der Sanierungsraum um den Arnimplatz (etwa 2500 Wohnungen) und am Arkonaplatz (etwa 1000 Wohnungen), deren Gestaltung Erich Honecker wie folgt umriß: „Das Berlin mit den finsteren Hinterhöfen, das Milieu, das Heinrich Zille und Käthe Kollwitz so treffend charakterisierten, wird für immer der Vergangenheit angehören" (Rede auf der XII. Bezirksdelegiertenkonferenz Berlin der SED, März 1976). Für das hohe Gewicht der Rekonstruktion in den Altbaugebieten spricht, daß im Jahre 1978 das Verhältnis von Rekonstruktion bzw. Modernisierung zum Neubau im Bezirk Prenzlauer Berg 2,9:1 und im Bezirk Friedrichshain 19,2:1 betrug. Mit der Umgestaltung der Wohnungen in der Art, daß sozialistische Wohnbedürfnisse in den Altbaugebieten befriedigt werden können, verbindet sich die ständige Verbesserung der Ausstattung der Altbaugebiete mit gesellschaftlichen Einrichtungen, Spielplätzen, Ruheplätzen, Grünflächen usw. Dieser Gesamtprozeß äußert sich deutlich in einer räumlichen Ausdünnung der Wohnbevölkerung (Bevölkerungsabnahme von 1964–1979 im Bezirk Prenzlauer Berg um 19 394 und im Bezirk Friedrichshain um 6 928 Personen) und in einer Minderung der Dichte in diesen übermäßig geballten Konzentrationsgebieten der Bevölkerung (in gleicher Reihenfolge von 18 768 auf 17 150 und von 14 576 auf 13 871 pro $km^2$) (Abb. 4). Eine wichtige Aufgabe besteht darin, dies für die Identität der Stadt so bedeutsamen umgestalteten Altbaugebiete in einen harmonischen Zusammenhang mit den Neubauzentren zu bringen (z. B. Aufbaukomplexe Greifswalder Straße für 10 000 Bewohner). Von Bedeutung ist, daß der Wohnungsneubau, der bis zum Beginn der achtziger Jahre zu mehr als 90% in den Außenbezirken konzentriert war, sich in seiner Regionalität z. Z. stärker differenziert. Die schon erschlossenen innerstädtischen Standorte erfahren eine erhebliche Bedeutungszunahme. So erklärte der 1. Sekretär der Bezirksleitung Berlin der SED, Konrad Naumann, auf der XIV. Bezirksdelegiertenkonferenz (Febr. 1981): „Der Wohnungsneubau auf erschlossenen Standorten innerstädtischer Gebiete wird weiter verstärkt. Die damit verbundenen ökonomischen Vorteile und

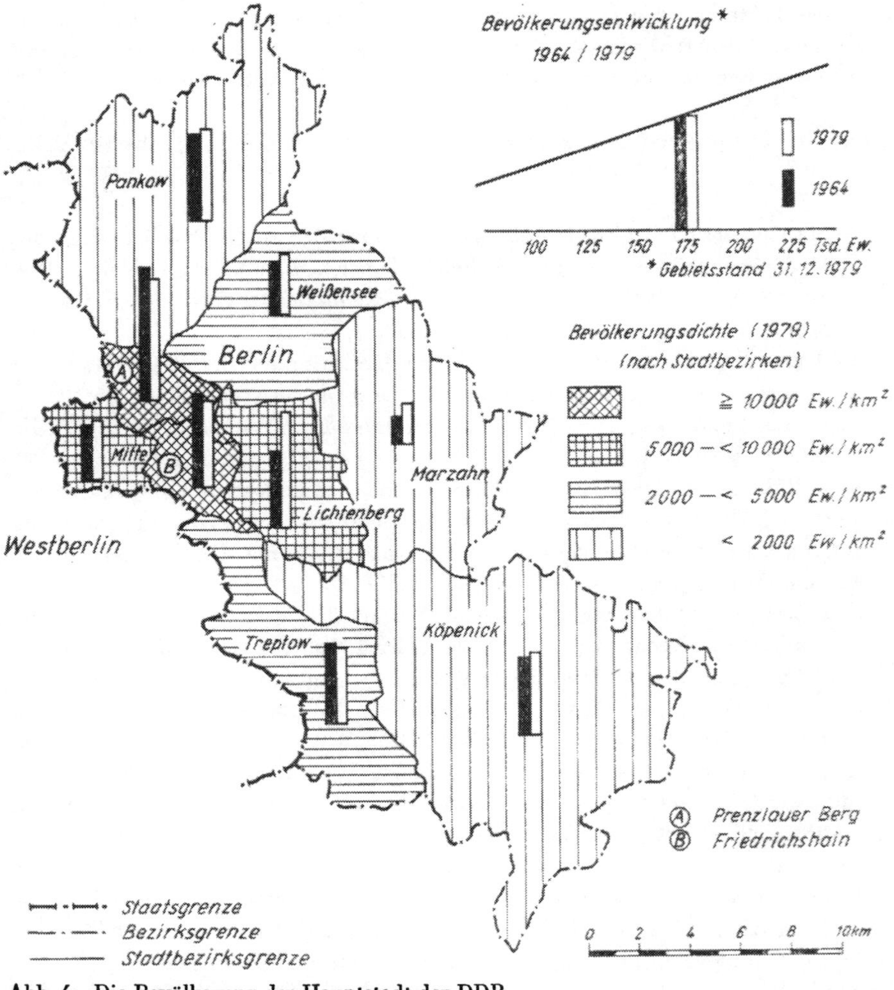


Abb. 4 Die Bevölkerung der Hauptstadt der DDR
Quelle: Eigenentwicklung der Sektion Geographie der Humboldt-Universität zu Berlin (Zimm, Schilling)

sozialpolitischen Wirkungen sind unter Leitung des Magistrats und mit Hilfe des Ministeriums für Bauwesen zu sichern." Mit der Durchsetzung dieser Standortdirektive für den Neubau und die wachsende Rekonstruktion und Instandhaltung in den Altbaugebieten ist eine allmähliche Zunahme der Wohnattraktivität verbunden.

Trotz der bisher schon erreichten Erfolge verknüpfen sich die Probleme des gebietstypischen Subraumes nach wie vor mit der Wohnsituation. Hervorzuheben wären in diesem Sinne

— eine räumlich übermäßig konzentrierte Wohnbevölkerung (die Bezirke Friedrichshain und Prenzlauer Berg erreichen bei 5,08% Anteil an der Stadtfläche 28,2% an der Stadtbevölkerung — 1979),
— eine weithin stark verschlissene Wohnsubstanz,
— das Unterangebot größerer Grünflächen im dichtest besiedelten Bezirk (Prenzlauer Berg).

Damit koppeln sich erhebliche Belastungen durch Luftverschmutzungen und Staubniederschlag, die in erster Linie mit der hier noch vorherrschenden Einzelfeuerung, dem starken Pkw-Verkehr in den Korridorstraßen und dem Abrauch des Gaswerkes Dimitroffstraße zusammenhängen. Ganz sicher wird die Stillegung des Gaswerkes (ab IV. Quartal 1981) und die folgende Errichtung des „Ernst-Thälmann-Parkes" eine deutliche Minderung der Luftverschmutzung ergeben. Da aber die Entkernung, die Substanzverbesserung der technischen Infrastruktur und neue Verkehrslösungen nur schrittweise durchgesetzt werden können, muß noch längere Zeit mit Diskrepanzen zu sozialistischen Wohnvorstellungen gerechnet werden.

Für die Eingliederung und Entwicklung von Industriestandorten in die kompakten Altbaugebiete ergeben sich folgende Leitlinien: Mit der Voraussetzung, daß eine strukturelle Bereinigung der Industrie in der Innenstadt unter dem Gesichtspunkt der Störungsfreiheit für die dichtbebauten Wohnbezirke durchgesetzt wird, bietet sich auch das kompakte Altbaugebiet als zu erhaltender Standortraum für die Industrie an. Da sich mit der umweltfreundlichen Produktion zugleich bei einer ausgezeichneten Verkehrsaufschließung auch kürzeste Wege zwischen Wohn- und Produktionsstandort verbinden lassen und die Verwendung der betrieblichen Investitionen auch den baulichen Grundfonds zugute kommt (harmonische Eingliederung in die rekonstruierte Wohnbaumasse) sind weitere positive Standortfaktoren gegeben. Ist eine Harmonisierung nicht möglich, dann ist eine Verlagerung der produktiven Einrichtungen durchzusetzen.

### 2.2.5. Der Außenraum

Der an die „Wilhelminische Wohnstadt" anschließende und bis zur administrativen Stadtgrenze reichende Außenraum erfuhr in kapitalistischer Zeit seine Grundcharakteristika durch die Massierung der Großindustrie, die lockere Wohnbebauung (die sich in den alten städtischen Siedlungskernen verdichtete), die ausgedehnten land- und forstwirtschaftlichen Areale sowie die bedeutsame Naherholungsgebiete.

Zu großen Teilen geht die Herausbildung der hier so wichtigen Großindustrie auf Randwanderungen der ursprünglich in den zentralen Stadtteilen angesiedelten Firmen zurück. Bis zu den siebziger Jahren des vorigen Jahrhunderts ergab sich für die Industrie in Berlin die Situation, daß bei der geringen Entwicklung der Massenverkehrsmittel in der Stadt und den langen Arbeitszeiten eine räumliche Übereinstimmung von Arbeitsstätte und Wohnstätte notwendig war. Dabei bildete sich allmählich der Zustand heraus, daß mit schnell anwachsender Bevölkerung die Fabrikkomplexe vom Häusermeer der Wohnsiedlung eingeklammert wurden und ihrer räumlichen Entwicklung damit Hindernisse in den Weg gelegt waren.

Es ergab sich so die innere Tendenz des Zuges zur Peripherie, folgend dem Gefälle der Bodenpreise und in der Weite begrenzt durch mannigfaltige Fühlungsvorteile. Man kann zwei Verlagerungs-(Randwanderungs-)etappen unterscheiden:

Ab 1871 wurde die Ringbahn eröffnet, die, in der Folgezeit weiter ausgebaut, zu diesem Zeitpunkt noch durch weitgehend unbebautes Gebiet führte. Dort, wo sich Ringbahn und Wohngebiete am meisten näherten, setzten noch in den siebziger Jahren die neuen Standortbegründungen ein. Die Beschränkung auf diese Anlehnungsgebiete resultierte daraus, daß für alle anderen Teile der Ringbahn noch kein innerer Zubringerverkehr bestand, der den Ring mit den Wohngebieten verband. Das veränderte sich ab 1882, als zum Ring noch die stadtquerende Stadtbahn trat. Von nun an wurde umfassend die erste Peripheriewanderung der Industrie eingeleitet. Dort, wo sich die Industrie in der Ringbahnperipherie mit den Wohngebieten verklammerte, entstanden Areale, die als Industrieslums bezeichnet werden können. Bis zu den neunziger Jahren waren auch die Standorte der Ringbahnperipherie stark in die Wohnbaumasse eingewachsen. Mit den neunziger Jahren begann so die zweite Randwanderung, die in die Außenbezirke, in die Peripherie der Vorortbahnen zielte (Abb. 5 und 6).

Als Zweige, die der Randwanderung folgten, sind besonders zu nennen: die elektronische Industrie, der Maschinen-, Stahl- und Fahrzeugbau, die chemische Industrie, die Eisen- und Stahlgewinnung, das Bau- und Baunebengewerbe. Betrieblich waren es vorrangig die Großbetriebe, die diesen Prozeß prägten (vgl. Tab. 2).

Tabelle 2 Lage der Industriebetriebe mit über 200 Beschäftigten nach dem Beschäftigtenstand von Oktober 1937

| | Betriebe | Beschäftigte |
|---|---|---|
| Im Bereich der City (entspricht etwa dem Stadtgebiet von 1830) | 96 | 50 400 |
| Im Ringbahnbereich (entspricht etwa dem Stadtgebiet von 1890/1900) | 187 | 132 600 |
| Im Stadtbereich außerhalb der Ringbahn | 256 | 275 500 |

Somit waren von den industriellen Großbetrieben (über 200 Beschäftigte) fast die Hälfte in der Außenzone konzentriert und von den in ihnen Beschäftigten rund 60%. Diese Zone zeigte sich als hervorragender Sitz der elektrotechnischen Industrie, des Maschinenbaus, der Eisen- und Stahlgewinnung und -verarbeitung sowie der chemischen Großindustrie.

Mit der zweiten Randwanderung fand die Industrie Berlins eine relativ feste Raumsituation. Das weist auf bedeutsame Stabilisierungfaktoren hin. Als solche wären zu nennen:

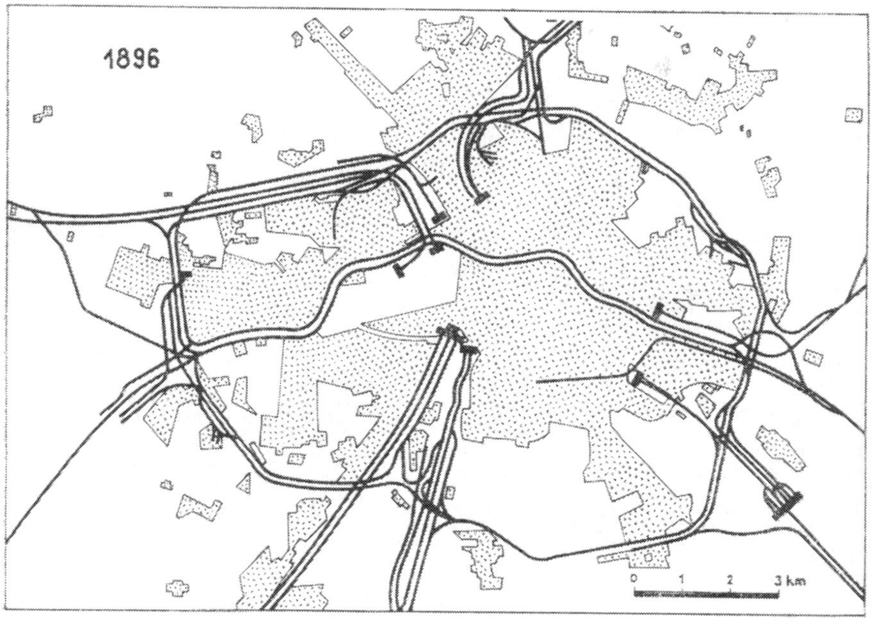


— Bahnlinie Siedlungsfläche

Abb. 5 Siedlungsfläche und Ringbahn zur Zeit des Beginns der zweiten Randwanderung der Industrie

Quelle: Unter Verarbeitung von Vorlagen aus „Berlin und seine Eisenbahn 1846 bis 1896“, Berlin 1896. Zum Teil Eigenentwicklung und Kombination von Sektion Geographie der Humboldt-Universität zu Berlin (A. Zimm, I. Zimm)

a) Die Konzentration der Produktion hatte einen solchen Grad erreicht und die Anlage von fixem Kapital (Gebäude, Maschinen usw.) war derart massiert, daß eine räumliche Verlagerung des Bestehenden für die Konzerne und Großbetriebe überaus verlustreich wäre. Die Höhe des fixen Kapitals in der Großindustrie erwies sich als ein Faktor stärkester räumlicher Bindung.

b) Es ist zu bemerken, daß auch die Anlage von Werksiedlungen, die für die Großindustrie typisch geworden waren, ein nicht zu unterschätzender Beharrungsfaktor standortlicher Art wurde.

c) Die hohe Beschäftigtenzahl der einzelnen Werke erzwang die Nähe zur großen Bevölkerungsagglomeration, wobei es bei dem ständigen Schwanken der Beschäftigtenziffer je nach der Konjunktur für die Konzerne und Großbetriebe günstigt war, auf eine nahräumliche große Arbeiterreservearmee zurückgreifen zu können, sie vergrößern bzw. verkleinern oder auch als Druckmittel verwenden zu können.

d) Durch den Ausbau des Verkehrswesens war die Zone niedriger Bodenpreise bei gleichzeitiger Nähe zu den großen Arbeiterwohngebieten erreicht.

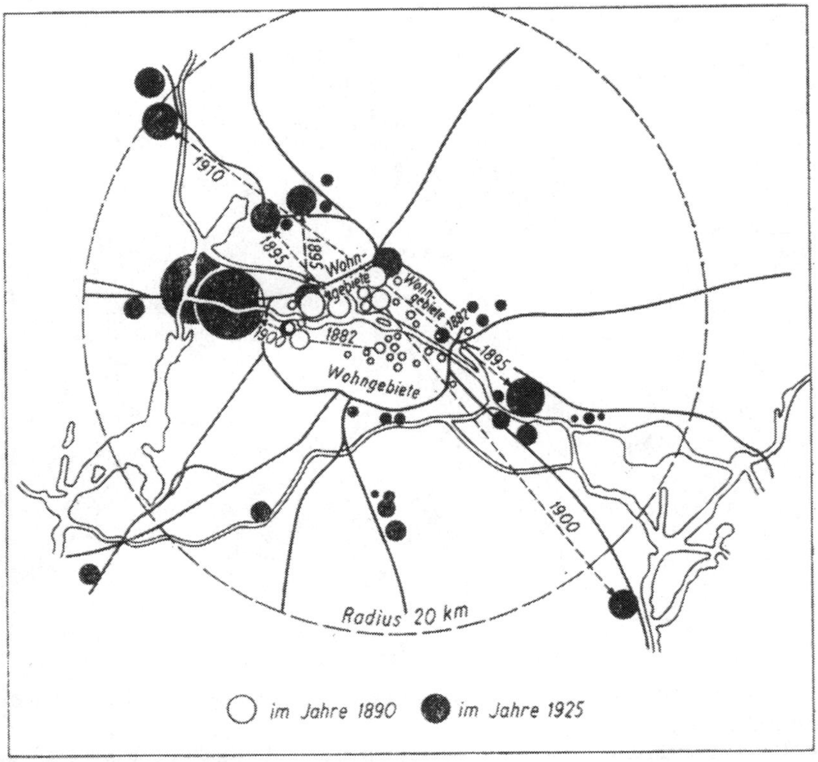


**Abb. 6** Die mechanische Großindustrie Berlins 1890 und 1925
Quelle: Entnommen aus Martin Pfannschmidt, Standort, Landesplanung, Baupolitik, Berlin 1932.

e) Die auf die Großstandorte zugeschnittene Transportsituation hatte mit der Lage an Wasser und Bahn günstige Bedingungen erhalten.

f) Die ungünstige Lage der Werke fern von den Rohstoffquellen — die allerdings bei den für Berlin typischen arbeitsintensiven Industriezweigen nicht von entscheidender Bedeutung war — wurde z. T. dadurch reduziert, daß die Konzerne mit dem Erwerb eigener Rohstoffquellen die Absatzsituation zu ihren Berliner Werken günstiger gestalten konnten.

g) Es wirkten auch bei der Außenlage alle Absatz- und Fühlungsvorteile, die der differenzierte Berliner Markt bot.

Alle diese Gründe waren komplex aktiv, das heißt, bei der Betonung des einen oder anderen wirkten sie nicht einzeln, jeweils für sich, sondern gemeinsam.

Die landwirtschaftliche Nutzfläche Berlins, die gleichfalls in den Außenbezirken ihre größte Verbreitung hatte, ergab nur eine Produktion von rein örtlicher Bedeutung, reichte also nicht in die Sphäre der stadtbildenden Zweige und Bereiche. Sie war durch die weitverbreitete Rieselfeldwirtschaft zudem technisch-organisatorisch (kleinste Schläge) und marktwirtschaftlich (berieselte Produkte) gegenüber entfernteren Gebiete nicht konkurrenzfähig.

Wesentlich bedeutungsvoller als stadtbedienender Faktor war demgegenüber die Erholungswirtschaft, deren Herausbildung durch die großen Wald-Seen-Gebiete schon in den äußeren Stadtgebieten begünstigt wurde. Dabei trat mit Sicht auf das heutige Territorium der Hauptstadt der DDR besonders der Südosten der Stadt mit den Spree- und Dahme-Seen (z. B. Müggelsee, Dämmeritz-See, Seddinsee, Langer See) hervor. Unter den europäischen Viel-Millionenstädten zeichnete sich Berlin durch eine besonders hochwertige und ausgedehnte Wald-Wasser-Landschaft noch in den Stadtgrenzen aus. So maß (1937) die Waldfläche 16 541 ha und die der Seen 2 118 ha.

Es muß hervorgehoben werden, daß die naturbegünstigten Gebiete weitgehend aus der allgemeinen Nutzung herausgenommen waren, indem finanzkräftige Kreise z. B. die Uferbebauung der Seen in ihrem Sinne regulierten (Villen, Bootshäuser u. a.). Beim geringeren Grad der Motorisierung der Arbeiterklasse waren deren Naherholungseinzugsräume wesentlich durch die Erreichbarkeit mit der S-Bahn und (schon deutlich geringer) durch den Ausflugsverkehr mit Autobussen bestimmt. Gerade die Attraktivität dieser Gebiete wurde durch die massenhafte Frequentierung eingeschränkt.

### 2.2.6. Der äußere Raum bis zur Stadtgrenze unter sozialistischen Bedingungen

Dieser Raum spiegelt die großindustrielle Potenz der Hauptstadt der DDR, Berlin, wider. Allein in den vier altindustriellen Außenbezirken Köpenick, Treptow, Lichtenberg und Marzahn[3], die sich in starkem Maße mit den Außenwanderungen der Industrie industriell profilierten, wurde 1979 über 50% der industriellen Bruttoproduktion erzeugt. Hier waren im gleichen Jahr fast die Hälfte der Industriebeschäftigten tätig.

Das industrielle Profil wird durch solche Zweige bestimmt, die hochgradig veredelnden Charakter haben, maschinenintensiv sind und wenig transportaufwendigen Rohstoffbedarf haben. Die bedeutsame industrielle Position der Hauptstadt — die stark in den Außenbezirken basiert ist — verbindet sich organisch mit besonderen Ressourcen der Agglomeration. Diese bestehen vor allem in der ausgeprägten Industrie-, Bevölkerungs-, Siedlungs- und Verkehrsverdichtung, die massierte Standortvorteile schaffen durch

a) die Vielseitigkeit der vorhandenen Produktionsfonds;
b) den hohen Grad der Fertigkeiten und Qualifizierung des Facharbeiterstammes, die räumliche Verdichtung von Wissenschaft und Technik sowie die guten Ausbildungsmöglichkeiten;
c) die Fühlungsvorteile zu den Leitungsorganen;
d) die Funktion, Agglomerationskern eines Wirtschaftsgebietes höherer Ordnung zu sein, was vielseitiger Kooperations- und Verflechtungsmöglichkeiten eröffnet;

e) eine verkehrsmäßig und stadttechnisch hochgradig erschlossene Stadtgebietsfläche;
f) volkswirtschaftlich wertvolle Fonds an Gebäuden, stadttechnischen Anlagen, Ausrüstungen und Einrichtungen.

Das konkrete Profil der Außenbezirke verknüpft sich vorrangig mit der Elektrotechnik, der Elektronik und dem Maschinenbau. Um dies in das ganze Standortgefüge einzuordnen, seien folgende Angaben gemacht: Der gesamte Standort zur Entwicklung der überörtlichen Industrie gliedert sich in

— drei Innenbezirke (Mitte, Prenzlauer Berg, Friedrichshain) und
— sechs Außenbezirke (Köpenick, Treptow, Lichtenberg, Weißensee, Pankow, Marzahn).

An der industriellen Bruttoproduktion (1979) haben die ersteren zu 36% und die letzteren zu 64% Anteil. Die stadtbildenden Industriezweige tendieren zu diesen Bezirken in zwei Richtungen:
a) Die Gruppe der „leichten" Zweige (Bekleidung, Polygraphie) konzentriert sich zu mehr als 70% in den Innenbezirken;
b) die Gruppe der „schweren" Zweige (Elektrotechnik, Elektronik, Maschinenbau) konzentriert sich zu 75—85% in den Außenbezirken.
Diese Grundlokalisation wird — bei notwendigen inneren Regulierungen — beibehalten.

Für die weitere Entwicklung der Industrie Berlins können als Grundsätze gelten:
a) Der Grad der Industrialisierung reicht aus, um eine ständige progressive Entwicklung des gesellschaftlichen Lebens zu gewährleisten und die Arbeitsplätze zur Verfügung zu stellen, die zur Lösung der politischen und ökonomischen Aufgaben der Hauptstadt eines sozialistischen Landes und der entsprechenden sozialen Strukturierung ihrer Bevölkerung notwendig sind.
b) Die notwendigen Kapazitätsausweitungen bei den stadtbildenden und stadtbedienenden Zweigen sind weniger durch den Bau neuer Betriebe als vielmehr durch technische und bauliche Rekonstruktion, durch Erhöhung des Schichtfaktors sowie durch Verbesserung des inneren Standortgefüges (standortliche Konzentration, Erhöhung der innergebietlichen Produktionskombination) zu erreichen.
c) Neue Betriebe bzw. Industriezweige sind im allgemeinen nur dann zu bauen oder anzusiedeln, wenn sie die Komplexität des Standortes abrunden, bzw. wenn für die Produktionsstätten der führenden Zweige die spezielle Standortsituation die Durchsetzung der Rationalisierungsmaßnahmen erschwert. Standortlich steht dafür nicht nur der Stadtraum in seinen administrativen Grenzen (Agglomerationskern), sondern auch das umliegende Agglomerationsfeld, mit dem der Kern ein Wirtschaftsgebiet höherer Ordnung bildet, zur Verfügung. Zum Agglomerationsfeld sind bessere Kooperationsbeziehungen (Verbesserung der zwischengebietlichen Produktionsverflechtungen) herzustellen.

Als das wichtigste neue Realisierungsgebiet für b) und c) tritt innerhalb der Stadt der Investitionskomplex Lichtenberg-Marzahn hervor. Hohe Arbeitsplatzdichte, vielfältiges Arbeitsplatzangebot, umfassende Verkehrserschließung und Anbindung an bedeutende Straßen und Magistralen (z. B. Leninallee, Allee der Kosmonauten), die wichtige städtebauliche Akzente setzen, kennzeichnen diesen Raum. Hier wird deutlich, wie unter sozialistischen Bedingungen die Bildung von „Industrieslums" vermieden wird und statt dessen stadtplanarische Lösungen gefunden werden, die funktionell und gestalterisch auch die Arbeitsstättengebiete zu einem mit der Gesamtstadt harmonisch verbundenen Teilglied machen. Sie sind damit gleichberechtigter Teil der städtebaulichen Gesamtgestaltung und stehen nicht mehr — wie in kapitalistischer Zeit — am Rande der Stadtgestaltung.

Ein wesentliches Verbindungsglied mit anderen Gebäuden, Bauensembles, Vierteln, zentralen Achsen u. a. manifestiert sich in harmonisierten Beziehungen zu benachbarten Wohngebieten. So verbindet sich mit dem industriellen Neuaufbaugebiet die Errichtung des größten Wohnkomplexes (Marzahn) der Hauptstadt der DDR, Berlin, der bei Fertigstellung über 100 000 Einwohner zählen wird.[4] Gegenüber der vorwiegenden Hochbebauung im Zentrum sind hier auch 5- und 6geschossige Wohngebäude stärker vertreten. Die Hauptmasse der Wohnungen werden in Häusern mit 10—11 Etagen konzentriert sein. Nur 18% der Wohnungen entfallen auf Hochhäuser.

Erhalten und zugleich verändert hat sich auch die bedeutsame Naherholungspotenz des äußeren Raumes. Der Schwerpunkt liegt im Bezirk Köpenick mit seinen ausgedehnten Wald- und Seen-Gebieten. Er nimmt den größten Teil der annähernd 190 000 Menschen auf, die an sommerlichen Wochenenden Naherholungsgebiete innerhalb der Stadt aufsuchen. Die Wandlung in diesem Funktionsbereich äußert sich in der umfassenden Erschließung der Erholungsressourcen für die Gesamtbevölkerung. Die auf die Bourgeoisie orientierte Nutzung der schönsten naturnahen Erholungsgebiete wurde beseitigt.[5]

Mit der sehr guten und schnellen Erreichbarkeit der Naherholungsgebiete des Bezirkes Köpenick (Schwerpunkt: Müggelsee und Müggelberge) und der zunehmenden Motorisierung (der Gesamtbestand an in Berlin zugelassenen Kraftfahrzeugen erhöht sich von 1970 bis 1979 von 139 547 auf 245 252, wuchs also in 9 Jahren um rund 76%, dabei betrug die Zunahme von Pkw 111%, also ein Ansteigen von 84 380 auf 178 292 in den gleichen Jahren) zu Lande und zu Wasser wächst allerdings die Belastung des Gebietes schnell an. Maßnahmen zum Schutz vor Lärm und Abgasen sind gerade hier ein zentrales Gebot der Planung.

Eine ebenso zentrale Position verbindet sich mit der gebietstypischen Besonderheit des Berliner Südosten, der neben der Nutzung als Erholungsgebiet eine erhebliche Rolle in der Wasser- und Forstwirtschaft spielt. Die Leistung des hier gelegenen größten Wasserwerkes der Hauptstadt (in Friedrichshagen) beträgt gegenwärtig etwa 380 000 $m^3$/Tag und soll bis zur Mitte der achtziger Jahre auf rund 600 000 $m^3$/Tag gesteigert werden. Bei dieser Position in der Wasserversorgung der Hauptstadt ist es dringlich, alle Belange der Nutzung des Berliner Südostens, mit der Sicherung der Wasserversorgung Berlins zu verbinden.

Die Landwirtschaft ergibt nach wie vor nur örtlich wirksame Ergebnisse. Es ist allerdings auf die die Produktivität der landwirtschaftlichen Arbeit steigernde Ablösung der Rieselwirtschaft hinzuweisen, die mit der Entwicklung der vollbiologischen Klärung der Abwässer in Klärwerken verbunden ist. Insgesamt werden 3 vollbiologische Klärwerke errichtet. 1976 wurde die Großkläranlage Ost in Münchehofe bei Berlin voll in Betrieb genommen. Ihre Reinigungskapazität beträgt 100 000 $m^3$/ Tag. Die Großkläranlage Nordost in Falkenberg (Bezirk Weißensee) hat eine Tageskapazität von 160 000 $m^3$ und soll bis 1983 auf 250 000 $m^3$ gebracht werden. Weiter ist ein Bau im Norden Berlins bei Mühlenbeck vorgesehen. Mit der Auflassung der im Norden noch weit verbreiteten Rieselfelder wird sich ein größeres Flächendargebot für neue Berlin-Planung ergeben.

Überschaut man die Gesamtentwicklung des äußeren Raumes bis zur Stadtgrenze, dann weist er sich bei Betonung der Industrie-, Wohn-, Erholungs- und wasserwirtschaftlichen Funktionen durch eine bemerkenswerte dynamische Entwicklung aus. Bei aller Anerkennung der großen Bedeutung der Herausbildung neuer Arbeitsstättengebiete sowie der Verbesserung und Erweiterung des Naherholungsangebotes und der Wasserversorgung kommt doch der Bildung neuer Wohngebiete (Marzahn, Kaulsdorf-Nord, Dr. Salvador-Allende-Viertel in Köpenick, Buch u. a. ) die größte Rolle zu, denn in den Außenbezirken wurden in den vergangenen Jahren über 90% (berechnet für 1974 und 1979) der Wohnneubauten realisiert. Bei dem großen Volumen des Berlin-Bauprogramms weist dies auf die Herausbildung von neuen „Charaktereigenschaften" in den Außenbezirken hin.

Zum Berliner Wohnungsbauprogramm erklärte E. Honecker auf der XII. Bezirksdelegiertenkonferenz Berlin der SED 1976: „Wie in unserem gesamten sozialpolitischen Programm das Wohnungsbauprogramm das Kernstück bildet, so auch in unseren Plänen für Berlin ... Dabei haben wir zu berücksichtigen, daß gerade in Berlin auf dem Gebiet des Wohnungsbaus in vieler Hinsicht sogar noch ein Nachholbedarf besteht." (E. Honecker, Rede auf der XII. Bezirksdelegiertenkonferenz Berlin der SED. März 1976). Das ist ein deutlicher Hinweis auf die überkommenen baulichen Verhältnisse der Mietskasernenzeit und den hohen Verlust an Wohnsubstanz im zweiten Weltkrieg. Das Volumen des gesamten Berliner Bauprogramms ist dadurch gekennzeichnet, daß zwischen 1976 und 1990 300 000—350 000 Wohnungen durch Neubau und Modernisierung zu schaffen sind. Diese Planaufgabe schließt eine enorme Steigerung gegenüber früheren Fünfjahrplänen ein. (Tab. 3)

Der hohe Zuwachs resultiert nicht nur aus dem Verlangen nach Verbesserung der Wohnverhältnisse der gegenwärtig in Berlin lebenden Bevölkerung; er ist auch aus dem Wachstum an Wohnbevölkerung zu erklären. So wuchs die Einwohnerzahl von 1964—1979 um fast 70 000 Personen und hat weiter zunehmende Tendenz. Dies erklärt sich aus einem bemerkenswerten Wanderungsgewinn, der in den siebziger Jahren jährlich zwischen 7000—14 000 Personen umfaßte und vornehmlich aus den Bezirken Frankfurt/Oder und Potsdam gespeist wird.

Die Konzentration des neuen Wohnungsbaus in den Außenbezirken auf dafür zu erschließenden Flächen war mit einer deutlichen Flächenintensität verbunden,

Tabelle 3 Entwicklung des Neubaues und der Modernisierung von Wohnungen in der Hauptstadt Berlin

| Zeitraum | Fertiggestellte Wohnungen insgesamt | Neubau | Modernisierung |
|---|---|---|---|
| 1949–1955 | 24 879 | 16 753 | 8 126 |
| 1956–1960 | 40 196 | 33 479 | 6 717 |
| 1961–1965 | 36 916 | 32 352 | 4 564 |
| 1966–1970 | 31 749 | 23 835 | 7 914 |
| 1971–1975 | 48 290 | 23 241 | 15 049 |
| 1976–1980 | 81 428 | 56 123 | 25 305 |
| davon 1976 | 14 281 | 9 632 | 4 649 |
| 1977 | 14 992 | 10 430 | 4 562 |
| 1978 | 16 482 | 10 992 | 5 490 |
| 1979 | 17 715 | 12 676 | 5 039 |
| 1980 | 17 958 | 12 393 | 5 565 |
| 1981–1985 | 100 000 | 65 000 | 35 000 |

womit landwirtschaftliche Nutzflächen eingeschränkt wurden.[6] Durch eine bessere allgemeine und regionale Proportionierung (Neubau zu Rekonstruktion und Außenbezirke zu Innenbezirke) des Wohnungsbaus wird z. Z. der Flächenexpansion des Wohnungsbaus entgegengetreten. Es kommt weiter darauf an, die großen Neubaugebiete der Außenbezirke attraktiver zu gestalten, d. h., den Wohnungsbau zur erstmaligen Lösung des sozialen Problems (jeder Haushalt eine moderne Wohnung) allseitig mit der Schaffung einer solchen Wohnumwelt zu verhindern, die zur vollen Entfaltung der sozialistischen Lebensweise beiträgt. Dem stehen gegenwärtig z. T. noch eine gewisse Monotonie der Bebauung (Baukörper mehr durch Bautechnologie als durch kunstvolle Architektur bestimmt), eine zu drastische Funktionsbeschränkung auf das Wohnen, eine unzureichende Kombination von Wohnen : Arbeiten : Einkaufen : Erholen u. a. gegenüber. Die hiermit zusammenhängenden eingeschränkten Identifizierungsmöglichkeiten mit dem engeren Wohngebiet (fehlende Stadtteil-„Gesichter") haben eine zu hohe latente Mobilität der Bevölkerung zur Folge. Es darf allerdings nicht übersehen werden, daß zur Verbesserung der Wohnumwelt zunehmend große Anstrengungen unternommen werden. So sind z. B. zur anziehenden Gestaltung insbesondere in den Neubaugebieten von 1976 bis 1980 im Wettbewerb „Mach mit — schöner unsere Hauptstadt" über 900 000 m² Frei- und Grünflächen gestaltet worden. Jährlich wurden im gleichen Zeitraum etwa 10 000—15 000 Bäume gepflanzt; 1981 sollen es 45 000 und 1982—1985 pro Jahr etwa 50 000 sein.

Wie schon angedeutet, kommt der Entwicklung von Naherholungsmöglichkeiten in den äußeren Neubaugebieten eine große Rolle zu. Das gilt besonders für den Stadtbezirk Marzahn, der 1979 schon fast 64 000 Einwohner erreicht und 1985 100 000 überschreiten wird. Hier werden z. Z. das Wuhletal und die ehemalige

Marzahner Kippe zu Erholungsgebieten gestaltet. Für die nächste Zukunft von Bedeutung sind die Naherholungsplanungen, die in das Umland hineinreichen.

### 2.2.7. Die stadtnahe Einflußzone

Im Jahre 1938 arbeiteten etwa 60—70 000 außerhalb der Stadtgrenze Wohnende in Berlin. Den stärksten Anteil hatten dabei die Kreise Niederbarnim, Teltow und Osthavelland, die mit etwa 86% an den auswärtigen Wohnenden aber in Berlin Arbeitenden beteiligt waren. In diesen Kreisen entstanden insbesondere von den neunziger Jahren an Wohntrabanten, die sich durch hohe Auspendlerquoten nach Berlin kennzeichneten. Zugleich bildeten sich in diesen Kreisen Standorte größerer Industrien, die mit Oranienburg, Erkner, Wildau, Drewitz, Teltow, Nowawes (Babelsberg) sowie Hennigsdorf und Velten bedeutsame Industrietrabanten hervorriefen.

Die auswärtige Ansiedlung der Berliner Industrie folgte der im vorigen Kapitel bezeichneten Randwanderung in die Peripherie der Vorortbahnen. Das heißt, für Großbetriebe zeigte sich eine allgemeine Betonung der Areale, die engste Berührung zu den Eisenbahnlinien und Wasserstraßen hatten, wobei beim räumlichen Zusammenfallen beider Verkehrsträger sich die Standorte mit der größten Konzentration herausbildeten. Ergänzend trat für Großbetriebe der „auswärtigen" Branchen (Elektrotechnik, Maschinenbau, Chemie) — die alle einen hohen Geländebedarf hatten — die Tendenz hinzu, dem Gefälle der Bodenpreise nachzugeben.

Die allgemeine Situation des Nahverkehrs spiegelt folgendes wider: Die Vorortlinien verliefen besonders zu den großen Industriestandorten bzw. schlossen mehr oder weniger reine, in den Außengebieten gelegene Wohnviertel an den differenzierten Gewerbe- und Dienstleistungsstandort der Innenstadt an. Sie realisierten also die zwei wichtigsten regionalen Verkehrsbeziehungen, und zwar die zwischen Wohnort und Arbeitsstätte und die zwischen Wohngebiet und City. So lag im Bereich der Strecke nach Velten die große Tonwaren- und Ofenherstellung (Velten) sowie die elektrotechnische, metallurgische und metallverarbeitende Industrie (Hennigsdorf), im Bereich der Strecke nach Oranienburg die chemische Großindustrie (Oranienburg), im Bereich der Strecke nach Strausberg die Baustoffindustrie (Rüdersdorf), im Bereich der Strecke nach Fürstenwalde die chemische Großindustrie (Erkner), im Bereich der Strecke nach Königs Wusterhausen besonders die metallverarbeitende Industrie (Wildau), im Bereich der Strecke nach Beelitz die Metallverarbeitung (Drewitz), im Bereich der Strecke nach Teltow die Textilindustrie (Teltow), im Bereich der Strecke nach Werder die Metallverarbeitung und die Filmindustrie (Babelsberg). Zum nicht geringen Teil hatten diese Linien auch die Doppelfunktion des Anschlusses von Bevölkerung an den Berliner Arbeitsmarkt. Die Strecken nach Bernau, Werneuchen, Wünsdorf, Kleinmachnow, Wustermark und Nauen erfaßten dagegen vorwiegend Wohngebiete ohne größere Industrie und schlossen diese an die administrative Stadt an (Abb. 7).

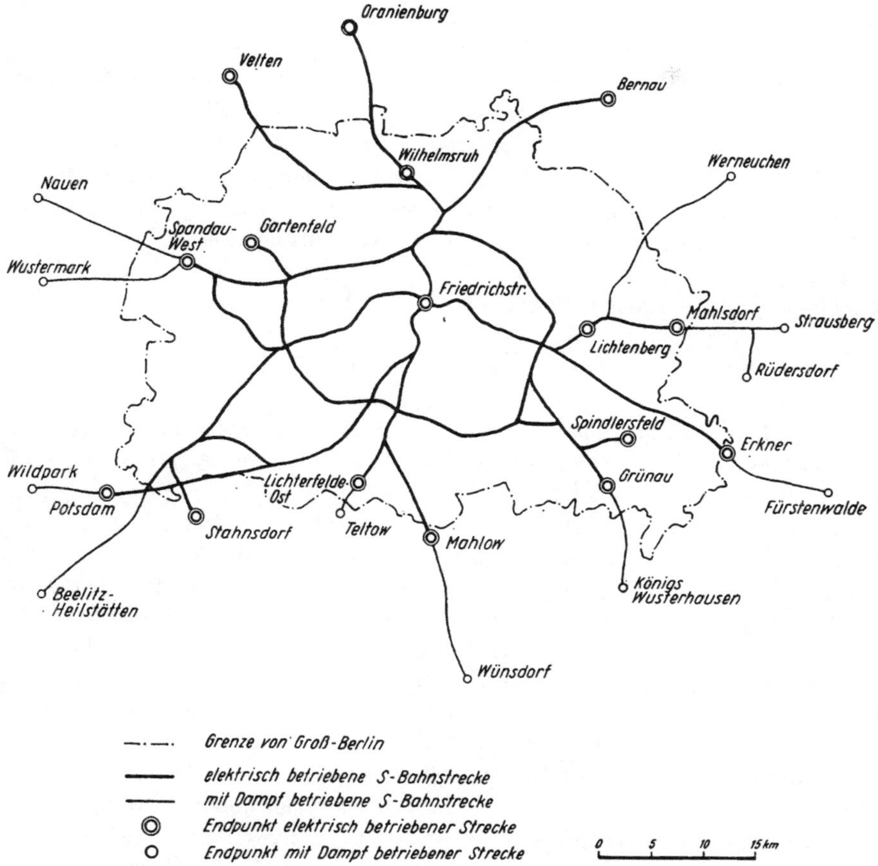


Abb. 7 Grundschema des S-Bahnnetzes von Groß-Berlin 1939
Quelle: Unter Verwendung von S-Bahnplänen als Eigenentwicklung der Sektion Geographie der Humboldt-Universität zu Berlin (A. Zimm, I. Zimm)

Den Linien der Vorortbahnen folgend, breitete sich also der direkte großstädtische Einfluß aus, d. h., die Siedlungen erhielten mehr oder weniger Wohnvorortcharakter bzw. ließen deutliche Züge von industriellen Trabantenstädten erkennen.

Zur Funktionspalette der mit Berlin unmittelbar verbundenen Zone außerhalb des Administrativbereiches gehörten weiter: die landwirtschaftliche Produktion, die Forstwirtschaft, die Naherholung. Die bedeutungsvollsten Naherholungsgebiete lagen dabei im Osten (Raum Erkner, Grünheide, Kagel mit einer ausgeprägten Seenkette, die sich nach Berlin fortsetzt und mit Erkner S-Bahnanschluß hatte), im Südosten (Raum Königs Wusterhausen, Bestensee, Köris mit einer ausgeprägten Seenkette, die sich nach Berlin fortsetzt und mit Königs Wusterhausen S-Bahnanschluß hatte), im Süden (Raum Zossen, Wünsdorf, Mellensee mit mehreren Seen und der S-Bahnerschließung durch die Strecke Zossen—Wünsdorf), im Südwesten (Raum Fahrland, Werder, Ferch mit einer ausgeprägten Seenkette, die sich nach Berlin fortsetzt und durch die S-Bahnlinien nach Beelitz und Werder an Berlin angeschlossen wurde) und schon abfallend im Norden (Raum Zühlsdorf, Wandlitz, Lanke mit einer größeren Anzahl von Seen und einer vom S-Bahnhof Wilhelmsruh nach Schönebeck und Liebenwalde führenden Privatbahn — „Niederbarnimer Eisenbahn-AG" —, die noch in der Kriegszeit bis Basdorf S-Bahntarif erhielt) (Abb. 7). Die Erreichbarkeit mit der S-Bahn war entscheidend für die Frequentierung; dabei wiederum standen die Räume im Vordergrund, die die stärkste Annäherung an elektrifizierte Strecken-Endpunkte hatten (Erkner).

### 2.2.8. Das Stadt-Umland unter sozialistischen Bedingungen[7]

Dieser Raum, der sich historisch in enger Wechselbeziehung zur Stadt herausgebildet hatte, erfuhr nach dem zweiten Weltkrieg eine generelle Veränderung seiner politisch-geographischen Lage.

Im Gefolge der imperialistischen Spaltung Groß-Berlins 1948 bildete sich das politische Sondergebiet Westberlin heraus, wobei die Grenze der Hauptstadt der DDR und von Teilen des Bezirkes Potsdam zu Berlin (West) Staatsgrenze ist. Die Spaltung führte zu einer räumlichen Trennung des westlichen Umlandes (etwa Raum der heutigen Kreise Nauen, Potsdam-Stadt, Potsdam-Land, größter Teil Zossen) von der Hauptstadt der DDR, Berlin. Sie zog den Abbruch der ehemals nahräumlichen Beziehungen zu den westlichen (heute Westberlin) und eine Minderung solcher Beziehungen zu den östlichen Teilen (heute Hauptstadt der DDR und östliches Umland) der früheren Agglomeration von Groß-Berlin nach sich. Die Realitäten der politischen und geographischen Raumsituation bedingten eine Umorientierung des historisch entstandenen Gefüges territorialer Beziehungen.

Das resultierte auch aus der politisch-administrativen Neugliederung der DDR im Jahre 1952. Potsdam wurde Bezirksstadt und entwickelte sich rasch zu einer leistungsfähigen sozialistischen Großstadt sowie zum ökonomischen und geistig-kulturellen Zentrum des Bezirkes Potsdam. Damit verband sich der Auf- und Ausbau territorialer Beziehungen zu den benachbarten Kreisen. Die dem westlichen Teil der Groß-Berliner Agglomeration angehörenden Gebiete außerhalb des städtischen Administrativbereiches namen eine Entwicklung, die zunehmend von Potsdam und weniger von der Hauptstadt der DDR beeinflußt wurde. Die geographische Lagesituation dieses Raumes sowie seine territorial-arbeitsteilige Orientierung rechtfertigen die Feststellung, daß er gegenwärtig nicht zur hauptstädtischen Agglomeration gezählt werden kann. Das bedeutet keineswegs die Einstellung vielfältiger Beziehungen mit der Hauptstadt der DDR, Berlin. Sie entwickeln sich u. a. auf der Grundlage wirtschaftlicher Spezialisierungen und Kooperationen, attraktiver Erholungsressourcen und Arbeitskräfte-Pendelungen; sie bestehen aber nicht in der Komplexität und Intensität, wie sie mit den anderen Umlandgebieten der Hauptstadt der DDR ausgebildet sind.

Diese gebietsspezifischen Besonderheiten der Entwicklung und die damit verbundenen Wandlungen der politisch- und ökonomisch-geographischen Lagesituation haben eine räumliche Einschränkung des ursprünglichen Umlandes zur Folge. Es umfaßt gegenwärtig einen Ausschnitt der Bezirke Potsdam und Frankfurt, der nach dem Kriterium räumlicher Nachbarschaft die Hauptstadt der DDR als Kern der Agglomeration im Norden, Osten und Süden halbkreisförmig umgibt. Dazu werden im allgemeinen Teile der Kreise Oranienburg, Bernau, Strausberg, Fürstenwale, Königs Wusterhausen und Zossen gezählt, die unmittelbar an das Stadtgebiet Berlins angrenzen (1673 $km^2$ mit rd. 382 000 Einwohner — 1978).

Hand in Hand mit der Veränderung der Gestalt des äußeren Wirkungsraumes der hauptstädtischen Agglomeration ging unter sozialistischen Bedingungen eine grundsätzliche Umwandlung des Verhältnisses von Stadt und Umland. Die im Kapitalismus bestehende Unterordnung der territorialen Entwicklung des Umlandes unter die Interessen der Stadt, die einseitige Reduzierung des Umlandes auf einen funktionellen Ergänzungsraum für die Stadt und die damit verbundenen eingeschränkten strukturellen Entwicklungen wurden überwunden.

Zur neuen dialektischen Situation der Stadt und des Umlandes sagte E. Honecker auf der XII. Bezirksdelegiertenkonferenz der SED 1976: „Von den umliegenden Gebieten wird in Zukunft ein größerer Beitrag für die Hauptstadt, zur weiteren Verbesserung des Lebens ihrer Bürger und auch für die Stärkung der ökonomischen Leistungskraft erbracht werden. Gleichzeitig wird die Hauptstadt selbst einen großen Beitrag zur weiteren materiellen und kulturellen Entwicklung ihrer Umgebung zur Verbesserung der Lebensbedingungen ihrer Bürger beigetragen" (E. Honecker, Berlin 1976, S. 175). Interpretiert heißt das: Berlin trägt mit seinen großen industriellen Kapazitäten und auch mit seinen technischen, sozialen und kulturellen Versorgungseinrichtungen zur Bedürfnisbefriedigung in seinem Umland bei. Es unterstützt und fördert auf Grund seiner hauptstädtischen Leitungs- und Kulturfunktionen die ideologische und kulturelle Entwicklung, die Festigung der sozialistischen Produktionsverhältnisse. Das städtische Umland funktioniert als bedeutendes Erholungsgebiet (an sommerlichen Wochenenden um 250 000 Berliner) (Abb. 8); als Gemüse-, Obst-, Eier- und Milchproduzent und als Zulieferer von Lebensmitteln; als Siedlungsgebiet von Einpendlern (der Tagesdurchschnitt aller Einpendler übertrifft 70 000, wobei rund 47 000 aus dem auf der Karte Nr. 9 bezeichneten Ballungsfeld kommen) (Abb. 9); als Regulierungsbereich der Wasser- und Abfallwirtschaft; als Aufnahmegebiet flächengroßer Einrichtungen des Berliner Verkehrsknotens; als industrieller Standortraum solcher Produktionen, die der Ballungskern braucht, aber von den besonderen Standortbedingungen her nicht in sich selbst aufnehmen kann (bes. Zweige der Chemie, der Baustoff- und Holzindustrie); als Ansiedlungsraum industrieller Ergänzer der führenden Zweige; als Reservegebiet für die Aufnahme industrieller Kapazitäten durch strukturbereinigende Auslagerungen aus dem Agglomerationskern; als Liefer- und Versorgungsgebiet; als Absatzgebiet usw.

Von Bedeutung ist, daß sich der Umlandraum der Stadt nicht nur in qualita-

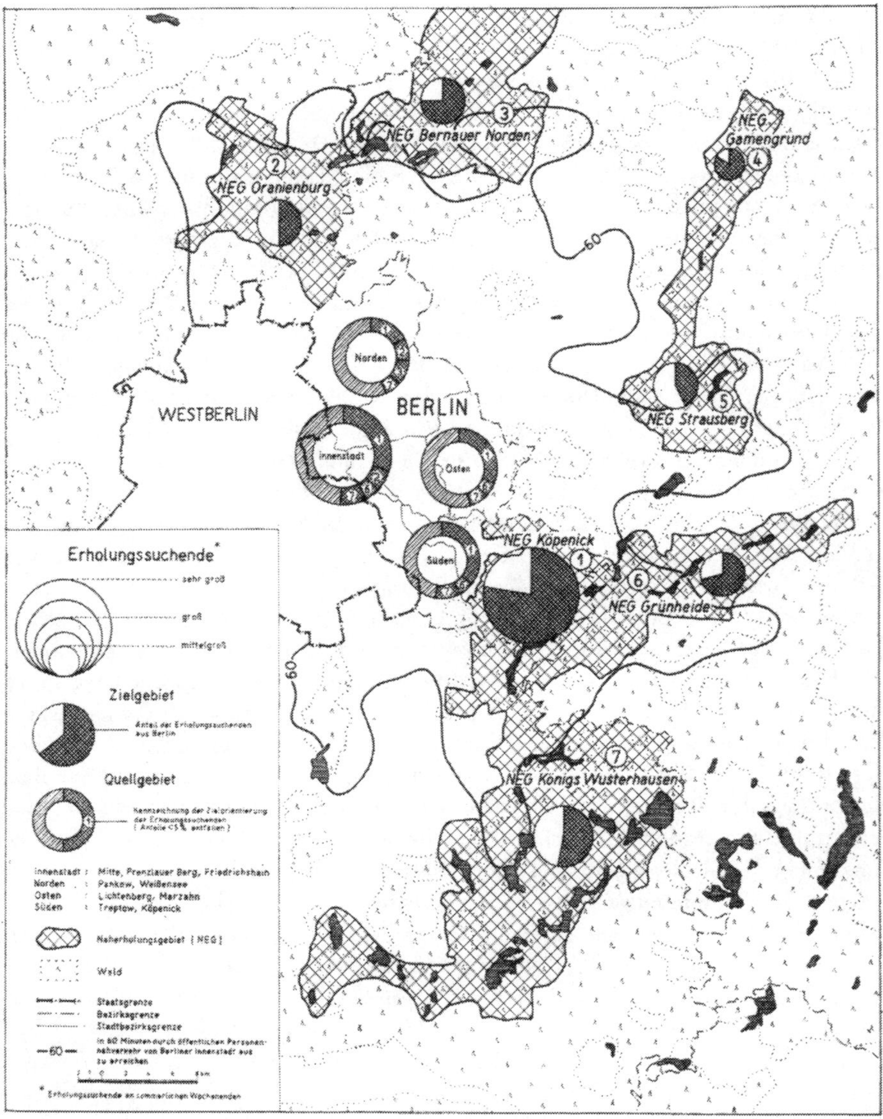


Abb. 8 Erholungsräumliche Beziehungen im Ballungsgebiet der Hauptstadt der DDR, Berlin
Quelle: Eigenentwicklung der Sektion Geographie der Humboldt-Universität zu Berlin (Rumpf, Schilling)

tiver Beziehung verändert hat. Er zeigt auch eine ständige Dynamik in der Einbeziehung neuer Areale. So hängt mit der zunehmenden individuellen Motorisierung eine erhebliche Ausweitung der Erholungsräume nach außen zusammen. Mit

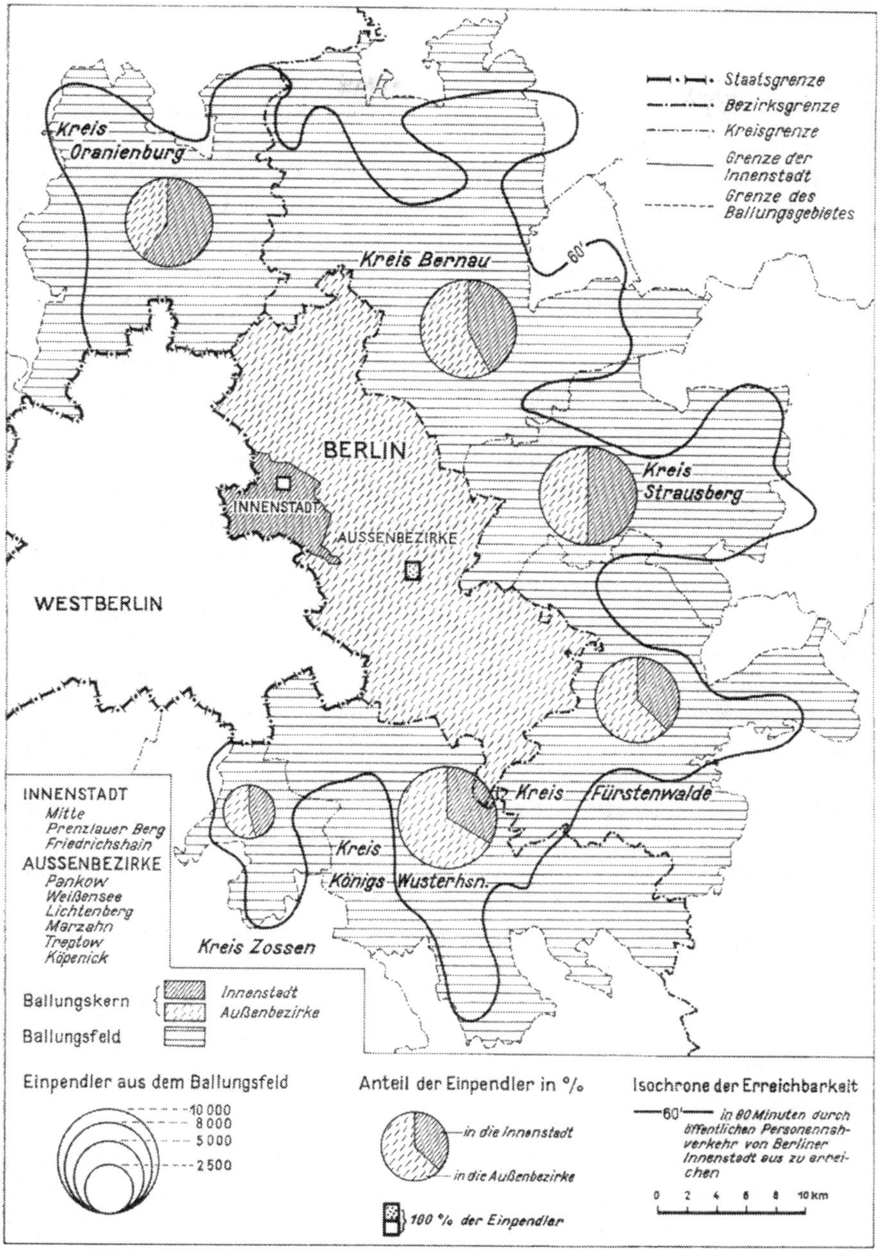


Abb. 9 Arbeitspendlerbeziehungen im Ballungsgebiet der Hauptstadt der DDR, Berlin
Quelle: Eigenentwicklung der Sektion Geographie der Humboldt-Universität zu Berlin (Rumpf, Pflaum-Wandrey)

der Entstehung neuer Groß-Wohnareale ist die Expansion in neue Erholungsgebiete verbunden, die zugleich zu wesentlichen infrastrukturellen Veränderungen in diesen führt (z. B. Marzahn und die ostwärts an die Stadt anschließenden Gebiete mit bedeutsamen Erholungsressourcen). Mit der Zunahme nationaler und internationaler Transportaufgaben wuchs die dementsprechende Funktionsübernahme durch das Umland (z. B. im Kreis Königs Wusterhausen der Flugplatz Schönefeld und einer der wichtigsten Binnenhäfen der DDR) und der damit verbundene Flächenanspruch. Mit der Raumverknappung für industrielle Standorterweiterungen der führenden Zweige im Stadtgebiet entwickelten sich betriebliche Teileinrichtungen im Umland z. T. mit dem Ziel, neue Arbeitskräfteressourcen zu erschließen, womit industrielle Flächennutzung für Zweige ohne Umweltbelästigung in ehemalig reine Wohngebiete des Umlandes einzieht (z. B. Betriebsteil des Berliner Großbetriebes Steremat in der Gemeinde Fredersdorf des Kreises Strausberg).

Zur Zeit weist der Gesamtraum (bis auf die Gebietsteile Hennigsdorf — Oranienburg — Velten, Rüdersdorf und Erkner) eine nur geringe Umweltbelastung auf. Zur Erhaltung dieses positiven Zustandes ist es von Bedeutung, daß der vorgesehene Braunkohlenabbau östlich von Fürstenwalde und das mit dieser Kohle arbeitende (geplante) Heizkraftwerk von Ahrensfelde nicht gravierend negativ in das Gefüge eingreifen. Es geht dabei insbesondere um die Sicherung der Grundwasserverhältnisse im Berliner Urstromtal, so daß die Wasserversorgung der Hauptstadt nicht gefährdet wird, und um die Eindämmungen von Luftverschmutzungen durch das geplante Kraftwerk.

Zusammenfassend kann formuliert werden, daß die Beziehungen zwischen Stadt und Umland wechselseitig anregend aufeinander wirken; es handelt sich um ein dialektisches Wirkungsgefüge gleichberechtigter Partner. Strukturelle und funktionelle Deformierungen des Umlandes, so wie sie für das Wirken der kapitalistischen Metropole charakteristisch waren, wurden unter sozialistischen Verhältnissen überwunden. Den territorialen Entwicklungsbedingungen des Sozialismus gemäß bildet sich eine Stadt-Umland-Region höchster Rangstufe heraus, deren typologische Einzelglieder sich in einem abgestimmten System gegenseitiger Förderung harmonisch entwickeln.

## 3. Zusammenfassung

Die Inhalte der territorialen Strukturen sowie die Beziehungen zwischen den Teilräumen der hauptstädtischen Agglomeration der DDR unterschieden sich in ihrem Charakter deutlich von denen in der ehemaligen Groß-Berliner Agglomeration. Die auf dem Wirken ökonomischer Gesetze des Kapitalismus beruhende, vom Profitstreben diktierte Entwicklung der Territorialstruktur und der Beziehungen in ihr führten zu disproportionalen Sachverhalten.

Unter dem Wirken der ökonomischen Gesetze des Sozialismus ist die planmäßige und effektive territorial-arbeitsteilige Entwicklung der Teilräume der hauptstädtischen Agglomeration und die optimale Gestaltung ihrer Beziehungen bestimmendes Prinzip. Die einzelnen Gebiete der Agglomeration werden schrittweise zu einer harmonischen Ganzheit zusammengefügt, deren Einzelteile gleichberechtigt arbeitsteilig organisierte Glieder eines hochkomplexen Ganzen sind. Unabhängig von der Spezifik der arbeitsteiligen Situationen werden in allen Teilräumen gleichartig hohe Lebensbedingungen durchgesetzt. Die Agglomeration der Hauptstadt Berlin als bedeutendes Wirtschafts- und Lebensgebiet der DDR spiegelt in ihrer territorialen Entwicklung zunehmend sozialistische Gestaltungsprinzipien wider. Sie wird so immer umfassender in die Lage gesetzt, vielseitig entwicklungsfördernd auf das gesamte Staatsgebiet einzuwirken, wie es Erich Honecker auf der XIII. Bezirksdelegertenkonferenz Berlin der SED feststellte: „Von Berlin geht ein bedeutender Einfluß auf die Leistungsentwicklung unseres Landes aus. Dieser Einfluß ist künftig noch zu erhöhen, in materieller Form, in Gestalt wissenschaftlich-technischer Spitzenleistungen und moderner Technologien, in Gestalt von Qualitätsprodukten für die Bevölkerung, unsere Volkswirtschaft und den Export“ (zitiert aus dem Bericht der Bezirksleitung Berlin der SED an die XIV. Bezirksdelegiertenkonferenz, Februar 1981).

## Anmerkungen

1 Die Aktivseite der Leistungsbilanz Groß-Berlins setzte sich 1936 wie folgt zusammen (Schätzung in Mrd. RM):

| | |
|---|---|
| Industrielle Lieferungen nach auswärts | 2,0 Mrd. RM |
| Dienste | 1,8 Mrd. RM |
| Kapitalerträge | 0,2 Mrd. RM |
| zusammen | 4,0 Mrd. RM |

2 Für vielfältige Hinweise hier und an anderer Stelle zu Problemen des Umweltschutzes und der Umweltgestaltung danke ich Herrn Dr. sc. J. Marcinek, Dozent für Physische Geographie an der Sektion Geographie der Humboldt-Universität.

3 Der Stadtbezirk Marzahn wurde 1979 aus Teilen des Bezirkes Lichtenberg und Weißensee gebildet.

Gebiet und Wohnbevölkerung der 3 Stadtbezirke
30. 12. 1978 (a) und 31. 12.1979 (b)

| Stadtbezirk | Gebiet in km² | | Wohnbevölkerung | |
|---|---|---|---|---|
| | a | b | a | b |
| Lichtenberg | 79,2 | 26,2 | 228 605 | 177 423 |
| Weißensee | 46,2 | 39,8 | 89 895 | 95 766 |
| Marzahn | — | 59,4 | — | 63 967 |

4 Es ist anzumerken, daß der Wohnungsbau bis zum Beginn der achtziger Jahre in der Außenzone eine besondere Konzentrierung erfuhr. Großkomplexe entstanden neben

Marzahn z. B. in Friedrichsfelde Ost, entlang der Straße Am Tierpark, entlang der Straße der Befreiung.

5 Insgesamt verfügt Berlin über · 9500 ha öffentliches Grün (einschl. Erholungswälder und Kleingartenanlagen). Pro Einwohner werden damit über 85 $m^2$ Grünfläche erreicht. Das ist ein Spitzenwert unter den europäischen Großstädten.

6 Zwischen 1970 und 1979 sank die LNF um 2110 ha.

7 Für vielfältige Hinweise zur Umland-Entwicklung danke ich Herrn Dr. sc. H. Rumpf, Dozent für Siedlungsgeographie an der Sektion Geographie der Humboldt-Universität.

## Literatur


Arnhold, H.: Berlin und Brandenburg, Wachstum einer Weltstadt. In: Berichte zur deutschen Landeskunde, Band 11, Stuttgart 1952.

Autorenkollektiv: Die Bezirke der Deutschen Demokratischen Republik, Gotha/Leipzig 1974.

Bericht der Bezirksleitung Berlin der SED an die XII. Bezirksdelegiertenkonferenz am 26. und 27. März 1976, Berichterstatter: K. Naumann.

Bericht der Bezirksleitung Berlin der SED an die XIV. Bezirkdelegiertenkonferenz am 14. und 15. Februar 1981, Berichterstatter: K. Naumann.

Berlin. Die Hauptstadt der DDR und ihr Umland, Wissenschaftliche Abhandlungen der Geographischen Gesellschaft der Deutschen Demokratischen Republik, Band 10, Gotha/Leipzig 1969.

Berlins wirtschaftliche Verflechtung, Berlin 1928.

Graf, E.: Die Entwicklung des Stadtgrundrisses von Berlin. In: Mitteilungen des Vereins d. Stud. d. Geo. an der Universität Berlin, Heft 2, 1918.

Grünig, F., Krengel, R.: Berliner Leistungsbilanz. In: Die unzerstörbare Stadt. Köln-Berlin (West) 1953.

Hegemann, W.: Das steinerne Berlin, Berlin 1930.

Der Städtebau nach den Ergebnissen der allgemeinen Städtebauausstellung in Berlin, 1. und 2. Teil, Berlin 1911 und 1913.

Hofmeister, B.: Berlin. Eine geographische Strukturanalyse der zwölf westlichen Bezirke, Wissenschaftliche Länderkunden, Band 8/I. Darmstadt 1975.

Honecker, E.: Unsere Hauptstadt soll blühen und gedeihen, Schlußwort auf der XII. Bezirksdelegiertenkonferenz der SED, 27. März 1976.

Honecker, E.: Alles zum Wohle des Volkes — dafür leben, dafür arbeiten und dafür kämpfen wir, Schlußwort auf der XIV. Bezirksdelegiertenkonferenz Berlin der SED, 15. Februar 1981.

Korn, R.: Ergebnisse und Aufgaben in Städtebau und Architektur bei der weiteren Ausgestaltung der Hauptstadt der DDR. In: Architektur der DDR. Heft 9, 1979.

Lenin, W. I.: Der Imperialismus als höchstes Stadium des Kapitalismus. Berlin 1951.

Leyden, F.: Groß-Berlin, Geographie der Weltstadt, Breslau 1933.

Louis, H.: Die geographische Gliederung von Groß-Berlin, Berlin 1936.

Pfannschmidt, M.: Berlin, die Industriestadt, Berlin 1933.

Standort, Landesplanung, Baupolitik, Berlin 1932.

Probleme der Weltstadt Berlin. In: Zum Problem der Weltstadt. Berlin (West) 1959.

Programm zur territorial-ökonomischen Entwicklung der Hauptstadt der DDR, Berlin, Berlin 1966.

Rumpf, H., Zimm, A: Zum Problem der Optimierung territorialer Beziehungen zwischen den Funktionen der Reproduktionslinie Arbeiten-Wohnen-Naherholung in Agglomerationen (am Beispiel der Hauptstadt der DDR, Berlin). In: Wissenschaftliche Abhandlungen der Geographischen Gesellschaft der Deutschen Demokratischen Republik, Bd. 9. Gotha/Leipzig 1972.

Schinz, A.: Berlin. Stadtschicksal und Städtebau, Braunschweig 1964.

Schorr, A.: Beziehungen zwischen Arbeitsort und Wohnort in Berlin. In: Raumforschung und Raumordnung, Heft 8, 1938.

Suchy, G.: Zur räumlich-differenzierten Entwicklung von Struktur und Funktion des Stadtzentrums der Hauptstadt der DDR, Berlin, Berlin 1981 (unveröffentlicht).

Zimm, A. Leitlinien einer ökonomisch-geographischen Charakteristik der Standorte der Großindustrie in Berlin. In: Zeitschrift für den Erdkundeunterricht, Heft 7, 1956.

Die Entwicklung des Industriestandortes Berlin, Berlin 1959.

Westberlin. Der Industriestandort West-Berlin unter den Bedingungen der Frontstadt, Berlin 1961.

Vergleichende Funktionsanalyse des demokratischen Berlins und Westberlins. In: Petermanns Geographische Mitteilungen, Heft 3, 1965.

Vergleich der Ballungsvorteile der Hauptstadt Berlin und der selbständigen politischen Einheit Westberlin. In: Petermanns Geographische Mitteilungen, Heft 3, 1969.

Zimm, A., Rumpf, H., Lange, J.: Studie zu territorialen Problemen der Reproduktion der Arbeitskraft — dargestellt am Beispiel des Wirtschafts- und Lebensgebietes der Hauptstadt der DDR, Berlin. In: Wissenschaftliche Zeitschrift der Humboldt-Universität zu Berlin, Mathematisch-naturwissenschaftliche Reihe, Jahrgang XX (1971), Heft 4/5.

*Statistische Materialien*

Mitteilungen des Statistischen Amts der Stadt Berlin (1904—1933, 1924—1943).

Statistisches Jahrbuch der Deutschen Demokratischen Republik (1961 und folgend).

Statistisches Jahrbuch der Stadt Berlin (1876—1915/19, 1924, 1926—1939).

Statistisches Jahrbuch der Hauptstadt der Deutschen Demokratischen Republik, Berlin (1961 und folgend)

Taschenbuch Berlin in Zahlen (1927—1939, 1942, 1945, 1947).

ISSN 0138–3956

FSC
www.fsc.org
MIX
Papier | Fördert gute Waldnutzung
FSC® C083411

Kolibri 360 GmbH
Ferdinand-Jühlke-Straße 7
99095 Erfurt, Deutschland
produktsicherheit@kolibri360.de